100張圖讀懂
AI人工智慧
產業鏈

江達威／著

序言

　　關於人工智慧（Artificial Intelligence, AI）一詞，即便很少接觸資訊技術領域的人，也透過各種財經、商管領域的頻道或刊物等，狂轟濫炸到必然聽聞，但人工智慧到底是神是廢？對其現行技術價值與未來發展等，估計少有人能客觀公允看待。

　　甚至許多人對人工智慧有過度想像與誤解，如同筆者小時候乍聽到心理學，就以為修習這門學問就能完全洞察每個人的心思；或乍聽到經濟學，就以為領略了便能立即賺大錢。

　　順著這樣的思路，望文生義的結果，可能會認為AI全知全能萬事通，但其實是有限度的；又或者受太多科幻影視作品的影響，將科技朝恐怖副作用的方向擴展想像，如魔鬼終結者（Terminator）系列電影中，具有高度智慧的天網（Skynet）系統反而開始屠殺起人類。

　　因為認知的偏誤，導致筆者身邊的親友同事常出現不理性的投資，即便與人工智慧僅有些許沾邊的企業，也會被誇大渲染成人工智慧概念股，股價進而被追高捧熱，之後自然是黯淡收場。

　　為了讓各界能更真確看待人工智慧，大體領略其技術本質價值，進一步則瞭解其產業面向、市場應用，如此在人工智慧相關議題的投資選擇上才不至於受誤導或失焦，哪怕是多一分的務實認知與公允看待，就已經達到本書的目標。

為了更快速掌握人工智慧產業鏈，經推敲思考後將本書內容拆解成六個部分，對於人工智慧僅有初步概念者建議循序閱讀，至於已有初步概念者則可以從第二部分開始閱讀。

若本身已經是資訊領域的從業者，例如已涉獵硬體領域，則可以從第五部分開始閱讀；或已在軟體相關領域者，建議從第三部分開始閱讀；另外，第二部分屬於現行與未來應用，第六部分為展望與相關提醒，無論是否已在資訊軟硬體領域都建議閱讀。

● 第一部分　人工智慧必修、先修基本認知

快速簡介人工智慧的技術起源以及至今為止的發展脈絡，並說明在一般報章媒體常見的人工智慧詞彙意涵，同時也解釋數個常見的熱門相關詞句的真實意涵，避免落入行銷煙霧（buzzword，時髦術語）的陷阱，而對人工智慧有誤解或過度期許。

● 第二部分　人工智慧現行、未來潛力應用

人工智慧技術已逐步運用、滲透到社會的各層面，例如門禁系統的臉部識別、手機打字的智慧性預先猜字，甚至在影像處理上可以抹去照片中不要的形物，而後用推算補上自然景物等。

展望後續，人工智慧是否有更多可能的應用？哪些應用已初見端倪？哪些應用可能乍聽之下天馬行空，但透過技術精進或突破可

行性有可能逐步提升？將對此進行觀察探究。

● 第三部分　人工智慧半導體、晶片產業鏈

　　人工智慧為軟體技術，需透過硬體執行運算才能實現、體現其功效價值，故硬體為整體產業鏈的上游，主要為硬體晶片、硬體資訊系統等，晶片則能再細分出電路技術授權（IP provider）、代客設計電路、晶片代生產（foundry）、晶片代封裝測試，以及完整晶片品牌通路銷售（fabless）等。

● 第四部分　人工智慧模組、硬體系統產業鏈

　　人工智慧的硬體資訊系統牽涉到系統設計、系統整合，並需要透過多種模組進行組裝，例如散熱模組（thermal module）、記憶體模組（memory module）、供電單元（Power Supply Unit）、相關板卡等，系統也有自有品牌、代工等不同經營路線。

● 第五部分　人工智慧軟體、服務與相關產業鏈

　　人工智慧產業鏈另一項重點是具有多樣、龐雜、變化快速的軟體生態系統（ecosystem），例如資料集（dataset）、演算法（algorithm）、框架（framework）、軟體開發套件（SDK）、中介軟體（middleware）等，且每幾年就有重大推進。

另外與軟體息息相關的也包含衍生的相關服務，如代客資料清洗（data cleaning）服務、代客標記（labeling）服務、代客開發服務、雲端服務（cloud service）、系統整合（system integration）服務等，並開始衍生出配套內容等發展。

● 第六部分　人工智慧發展變數與展望

人工智慧看似擁有一片閃亮未來，但也不全然是坦途，人工智慧的後續發展也可能有隱憂或不可避免的磨難，例如其技術有可能遭誤用、濫用，甚有駭客或犯罪組織存心惡用。

因此技術開發應用上如何自律？如何納管稽核？如何究責？甚至在傷災發生時如何配套補償等，若沒有明確清晰的依據與規範，人工智慧則難以進一步開展。另外，人工智慧過往也歷經熱潮與冷淡，新一波熱潮是否能維持，也需要更多具體評估、客觀研判。

簡單總結而言，人工智慧產業鏈可說是現行資訊軟硬體產業鏈的持續擴大、擴展延伸，因此過往的資訊產業分析依然適用於人工智慧領域，例如硬體產業牽涉到廠房、產線等重大固定成本投資，新的產能投資需要龐大金錢與冗長時間才能實現到位，到位時可能需求量又不如原先的估算，對此可能減緩投資，甚至變賣部分資產，故適用於常言的蛛網理論（Cobweb Theory）。

又如人工智慧的軟硬體技術均在蓬勃發展，故也必須格外評估

與關注波特五力分析（Porter five forces analysis）中的潛在進入者威脅（Threat of new entrants），稍有不慎，有可能市場主佔地位易主，或大幅改變產業遊戲規則。

　　最後，人工智慧產業鏈能否強大壯盛，有賴各界對其真確真實的瞭解，不僅是技術從業者、參與者，也包含推廣者、銷售者、投資界乃至一般大眾，期共勉之。

 CONTENT

CH 1 人工智慧必修、先修基本認知

CONTENT

CH 2 人工智慧現行、未來潛力應用

CH 3 人工智慧半導體、晶片產業鏈

CONTENT

CH 4 人工智慧模組、硬體系統產業鏈

CH 5 人工智慧軟體、服務與相關產業鏈

CONTENT

CH 6 人工智慧產業發展變數與隱憂

▶01 從人類產業變革說起

　　從歷史演進來看，人類的主要產業歷經幾次變革，首先是從漁獵時代進入農牧時代，捕魚打獵（含果實採集）有一餐沒一餐，生存的食物產能不穩定，保存期也有限。而在數千年前進入農業、畜牧後，成為一大進步，透過種植、牧養等技術，食物有了相對穩定的取得以及較長久的保存，社會也開始有機會穩定發展、延續發展。

■ 產業變革大躍進一人工智慧

　　到了數百年前蒸汽機發明後，機器開始大量取代人力、獸力，進入工業革命時代（過程中也包含開始運用電力），成為今日的工商社會。而在數十年前，電腦、電子式計算機的發明，人類社會開始進入有機器代為記憶、計算的資訊時代。

　　而如同工商時代，工專注於製造，商則專注於運輸、交換，資訊時代除了透過電腦生產、處理資訊外，也逐漸透過網際網路（Internet）、無線電話的行動寬頻達到全天候高覆蓋的資料（data，或稱數據）通訊，資訊與通訊的結合並用，合稱資通訊技術（Information Communication Technology, ICT）。

　　產業的變革並不表示原有的產業完全消滅，人類依然需要漁獵、工商，但已退居次要位置，例如美國雖為農業大國，但其農業僅占其 GDP 的 1%～2%。每次的變革只意味著新主力產業的到來。

　　在用電腦實現制式的記憶、計算後，電腦已大幅減少人類的基礎勞心勞神工作，但人們期望電腦能再進化，期望能具備與人類相同的思考、決策能力，此稱為人工智慧（Artificial Intelligence, AI）。為便於說明，本文一律簡稱 AI。

註：因過往教科書等影響，將 Industrial Revolution 翻譯成工業革命，但近年來可能稱為產業革命更貼切。

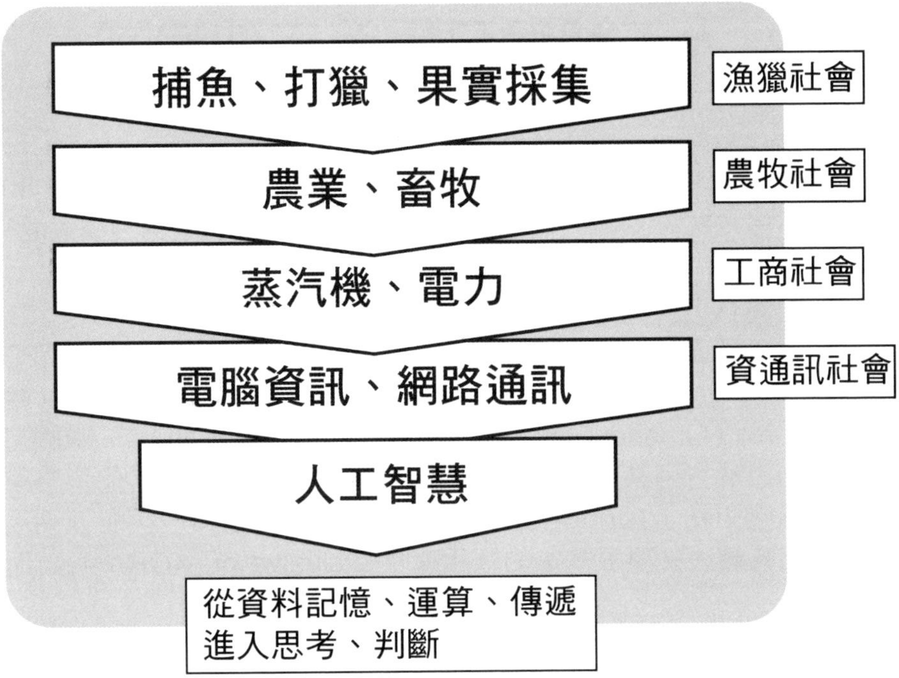

```
┌─────────────────────────────┐ ┌──────────┐
│   捕魚、打獵、果實採集      │  │ 漁獵社會 │
├─────────────────────────────┤ └──────────┘
│        農業、畜牧          │  ┌──────────┐
├─────────────────────────────┤  │ 農牧社會 │
│       蒸汽機、電力         │  └──────────┘
├─────────────────────────────┤  ┌──────────┐
│   電腦資訊、網路通訊       │  │ 工商社會 │
├─────────────────────────────┤  └──────────┘
│        人工智慧            │  ┌────────────┐
└─────────────────────────────┘  │ 資通訊社會 │
                                 └────────────┘
    ┌─────────────────────────┐
    │ 從資料記憶、運算、傳遞  │
    │ 進入思考、判斷          │
    └─────────────────────────┘
```

圖 1-1：人類產業重大變革歷程。
資料來源：作者提供

▶02 人工智慧已是第三波浪潮

　　AI 的興起看似是近幾年的事，但其實早在上世紀 50 年代、80 年代就各有一波 AI 浪潮，而後消退，近年來的興起已是第三波浪潮。

■ 第三波人工智慧熱潮持至今日

　　現代化的電腦大體從 1940 年代電子數字積分計算機（Electronic Numerical Integrator And Computer, ENIAC）電腦起算，最初是軍方用來計算砲彈彈道之用，而後在 1950 年代科學家開始因圖靈測試（Turing test）構想的提出而興起第一次的浪潮，但最終因為無法實現很基本的互斥或（Exclusive or, XOR）判斷而轉淡退燒。

　　第二次的人工智慧浪潮興起，來自 1980 年代由日本政府提出「第五代電腦」的大型研究計畫，期望打造出具思考、判斷力的電腦。由於日本在電腦硬體領域已逼近美國，故美方不敢掉以輕心，也宣布大力投入發展第五代電腦。

　　第五代電腦歷經十年努力，美、日雙方都無法達到當初設定的高標要求，即無法讓電腦達到與人類相仿的思考、判斷，不過發展歷程中也衍生出一些可用的副產品技術，如專家系統（Expert System）、神經網路（Neural Network）。

　　而第三次的興起，除了電腦運算力更強大能支援更龐大複雜的運算外，演算法也有所突破，包含 2015 年深度學習（Deep Learning, DL）的 ResNet 模型在影像識別錯誤率上僅 3%，低於人類的 5%～10%；2016 年 AlphaGo 擊敗圍棋棋王等。加上人類社會的數位資料指數性成長，有大量的圖片、影片、語音需要初步的識別與分類，因而有第三波熱潮，至今持續。

註：第一、二、三、四代電腦分別是指用不同電路技術構成的電腦，即真空管、電晶體、積體電路、超大型積體電路；但由於電晶體縮小化製程為連續精進，此一分類已不合時宜。

1950年代開始興起人工智慧，之後機器學習為人工智慧的子集合，更之後深度學習是機器學習的子集合，並帶來更大的顛覆

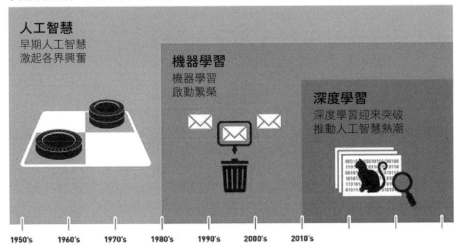

圖 2-1：三波熱潮伴隨出現人工智慧、機器學習、深度學習等詞。
資料來源：NVIDIA

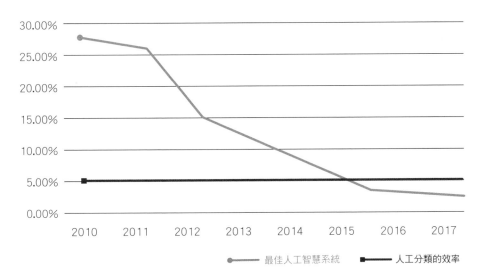

圖 2-2：自 2015 年開始 AI 的圖片識別錯誤率開始低於人類。
資料來源：Kevin Kohler 於 ResearchGate

▶03 人工智慧必先懂訓練與推論

要想瞭解人工智慧產業必須先對兩個詞有概念，一是訓練（training）、另一是推論（inference）；前者有時也稱為學習，後者有時也稱預測（prediction）、推理、推算。

■ 人工智慧兩大主要任務：訓練及推論

簡單說，訓練就是在船塢裡打造一艘船，推論則是船完工後在海上航行一艘船，航行一段時間後可能要改裝或整修，則是重回到船塢內整修，這時即是重新訓練，或說是小幅的精進或修正，如此在訓練、推論兩者間往返。

更簡單說，訓練階段類似程式開發階段（development time），推論階段則為程式的執行階段（run time），或說是資訊運作（operation）階段。

由於訓練階段需要嘗試各種權重參數，需要繁複的計算，故相當耗用運算力，而在模型訓練完成後，使用已完成的模型進行推論，則是較訓練階段省電，不過依然屬繁重的運算，用一般處理器來執行推論工作，仍有可能計算過久、過慢而緩不濟急。例如一個臉部辨識的門禁系統需要 10 分鐘才能完成一個人的辨識，則不適合用於頻繁進出的門口，故實務上仍然需要 AI 硬體加速晶片來加快推論，而繁重的訓練工作更是需要。

事實上，AI 模型的訓練開發還牽涉到許多前置工作與技術細節，如資料的清洗（data cleaning）、模型（model）選擇、資料集（dataset）準備、訓練後的驗證（validation）等。有時還需要因應現實進行權衡妥協，例如為了推論快速而犧牲若干準確度（accuracy）等。

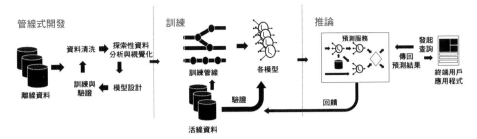

圖 3-1：人工智慧的機器學習、深度學習需要先行訓練模型（圖中），而後才
　　　　能用訓練好的模型進行推論（圖右），且有一些前置工作需要準備
　　　　（圖左）。
資料來源：加州大學柏克萊分校

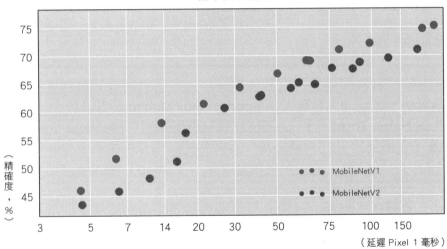

圖 3-2：MobileNetV1 模型與 MobileNetV2 模型在精確度（accuracy，單位百
　　　　分比）提高下延遲時間（latency，單位毫秒）也會增加。
資料來源：Google 官方部落格

▶04 人工智慧、機器學習、深度學習

　　1950 年代大體是提出 AI 這個概念，只要能讓人類感受到智慧，並不限定使用何種資訊技術，到了 1980 年代前後的第二波 AI 熱潮，實現技術上開始有不同路線，例如專家系統（Expert System, ES），將人類專家的專業知識與經驗轉化成大量明確的條件式，透過條件計算獲得近似人類的智慧判定結果。

■人工智慧 > 機器學習 > 深度學習

　　專家系統是撰寫大量複雜的函式來實現人工智慧，而神經網路（Neural Network, NN）則採相反實現方式，運用大量資料連線訓練出一套複雜的函式，日後出現過往未有的新資料時，透過函式即可對資料進行智慧判定。

　　除了神經網路外，有其他也是以大量資料反求智慧判定函式的演算法，如支援向量機（Support Vector Machine, SVM）、決策樹（Decision Tree）等，此領域統稱為機器學習（Machine Learning, ML）。而運用神經網路技術，將網路的節點深度擴展延伸，以獲得更好的智慧判定效果，則稱為深度學習（Deep Learning, DL）。

　　值得注意的是，研究人員曾嘗試拓展網路的廣度，即增加輸入節點的數目，而不是增加網路的深度層數，其訓練而得的智慧判定效果不若深度方式來得好，所以深度學習成為目前的主流。

　　更簡單來說，AI 為最廣泛的意涵，ML 為 AI 的一種，而 DL 則為 ML 中的一種，三者為超集合（superset）、子集合（subset）的關係。

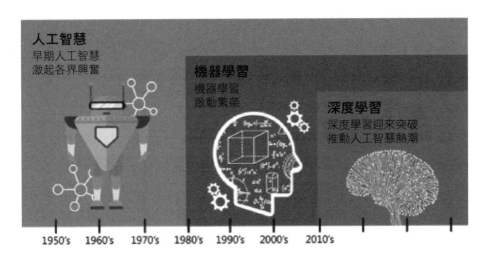

圖 4-1：2010 年開始的 DL 為 ML 的一種，1980 年代開始的 ML 為 AI 的一
　　　　種。

資料來源：Analytics Vidhya

▶ 05 人工智慧先從桌上開發開始

　　AＩ 既然是軟體程式，那就需要透過程式設計師（programmer，以下簡稱程式師）的撰寫開發才能實現，而離程式設計師身邊最近的就是個人電腦，可能是桌上型電腦，也可能是筆記型電腦，無論是何者，在資訊領域上都稱為桌面（desktop）。兩種電腦多使用相同的作業系統、作業環境，有別於雲端（cloud）環境，也有別於手機、平板的行動（mobile）裝置環境。

■ 正式訓練前需運用桌面環境驗證概念是否可行

　　程式師需要取得或下載 AI 相關的開發軟體，例如工具鏈（toolchain）、軟體開發套件（SDK）或整合開發環境（IDE）等，並將其安裝執行，才能正式撰寫 AI 程式；撰寫工作或也稱為編碼（coding）、開發（development）、訓練（training）等。

　　不過，訓練一個實務上正式使用的模型需要使用龐大的資料集與繁複的運算，個人電腦的儲存空間、運算力均有限，所以在桌面環境上的開發，大體只是用來初步驗證概念（PoC）是否可行，待可行後，方運用具有龐大儲存空間、強大運算力的雲端環境來正式訓練。

　　或者，預算較充足的組織或企業，本身已有資訊機房（或稱資料中心）及眾多可用的電腦（多稱為伺服器，server），如此也形同擁有近似於雲端的強大訓練環境，不需要在雲端訓練，可以在自有機房內進行訓練。

　　要注意的是，一般用途型的標準電腦無法快速執行 AI，故通常會考慮加裝硬體加速介面卡以求加速，無論身邊電腦、機房伺服器、雲端等均是如此。

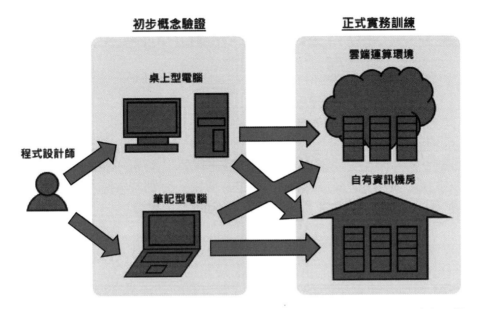

圖 5-1：程式設計師先用桌面環境初步開發驗證 AI 程式，之後挪至強大運算
　　　　力的機房或雲端正式訓練。
資料來源：作者提供

▶06 運用雲端環境完成模型正式訓練

由於 AI（包含機器學習，ML、深度學習，DL）模型的訓練非常耗時間與運算力，模型訓練完成後即長時間用於推論，會有一段時間不再需要訓練，可能在半年或一年後，在推論上發現有誤差、偏差，或各種理由期望對模型再行微調時，才會再次訓練。

■租賃公有雲完成即退租，可精省成本

如果是運用自有資訊機房的強大運算力進行訓練，則每年只會使用 1、2 次，其他時間運算力反而是閒置浪費。因此，實務上若為了 AI 模型訓練而耗費鉅資購買與建置自有的訓練用系統、訓練用機房，卻不是時時滿載在工作，並不合算。

所以，多數組織與企業會運用公有雲（public cloud）服務，短時間內向服務商租賃與使用強大運算力，儘快完成模型訓練，模型一旦訓練完成即退租，退租後即再無相關花費，以達到節費效果。

附帶一提，前面談及 AI 的程式師先期多用筆電、桌機進行模型設計開發，但近年來也逐漸有程式師直接運用雲端環境進行開發，因為許多 AI 相關開發工具已有雲端版。

另一個使用雲端開發的理由是有許多較大型的 AI 軟體開發案需要許多程式師同時參與，甚至是業者與委外商共同參與，或多地機構共同參與等，為了協同工作方便，通常傾向以雲端版為共同討論、更新的基準。

不過，目前仍有些程式師抗拒採行雲端開發，認為雲端業者有可能洩漏其開發機密。

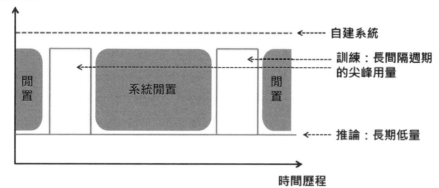

圖 6-1：自建系統進行 AI 訓練，多數時間系統處於閒置浪費的狀態。
資料來源：作者提供

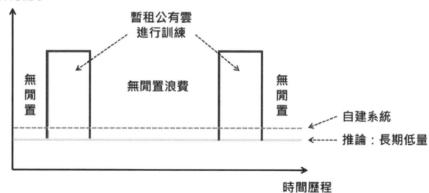

圖 6-2：短時間尖峰訓練改租賃公有雲，完成即退租，自建系統僅用於推論，
　　　　整體成本精省。
資料來源：作者提供

▶07 在雲端訓練、在雲端推論

在雲端訓練完 AI 模型，而後將其從雲端取回（俗稱落地，On-Premise，有時上雲，則相對稱為 Off-Premise），並改在自有資訊機房內執行（或稱推論）AI，是最典型常見的作法。

■ 雲端可隨時擴增或減少運算資源，但要考慮網際網路傳輸是否流暢

不過，在自有機房內推論 AI，由於只準備在一般用量下足夠的運算力，一旦需求用量增大時，有可能應付不來。舉例而言，一個企業導入 AI 臉部識別的門禁系統，自有機房的運算力可以同時應付 10 個出入點中的 6 組臉部識別，並在 3 秒內完成識別。

但是，有可能每年年底為企業的全球業務大會，所有外務人員會回到公司進行開會，進出量大增，10 個出入點隨時都有人進出，導致系統無法在 3 秒內完成識別，拖慢至 6 秒、10 秒不等，就會讓想要進出的人感到不耐、困擾，AI 識別系統變得不合用。

因此，有些 AI 應用也會放置在雲端進行推論，而非在自有資訊機房內推論。雲端環境可以隨時擴增或減少運算資源，只需依據用量計費，可輕易因應用量的激增，以此保有推論執行的流暢性。

要注意的是，將 AI 改放置於雲端執行，也必須考慮到雲端與需求現場間的網際網路（Internet）傳輸是否夠流暢、即時？或者，AI 應用本身是允許一定程度的往返傳輸延遲，否則依然不適合在雲端推論。

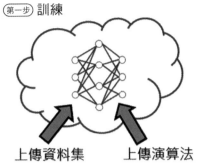

第一步 訓練

上傳資料集　　上傳演算法

第二步 佈建

訓練好的模型直接佈建於雲端

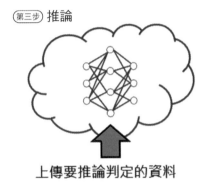

第三步 推論

上傳要推論判定的資料

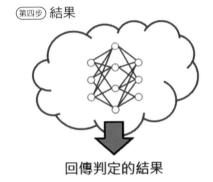

第四步 結果

回傳判定的結果

圖 7-1：在雲端訓練 AI 模型，而後也在雲端運用 AI 模型進行推論。
資料來源：作者提供

▶08 物聯網搭配人工智慧的人工智慧物聯網

　　2014 年台積電說物聯網（IoT）是下一個大事（The Next Big Thing），IoT 主要是在現場的各處裝設感測器，而後由閘道器收集多個感測器的感測資訊，閘道器再將資訊集中傳遞至雲端，如此可以即時監控現場。

■人工智慧物聯網（AIoT）非但能即時監控，更可預測後續發展

　　舉例而言，IoT 可以在森林各處裝置溫度感測器，如此一旦有森林火災，即可立刻知道發生在何處，儘快動員去救火；或者在橋樑各環節處裝置振動感測器，從而得知哪一處振動最劇烈，未來工程維護檢修與換新時優先檢修該處。

　　而在 AI 興起後，科技業界也嘗試將 AI 與 IoT 兩者結合運用，特別是大量的感測資訊回傳雲端後，除了即時全盤掌握的監控外，歷史資料也可以運用 AI 進行分析，從而預測後續可能的發展。

　　以智慧交通為例，IoT 在各路口要道上裝設攝影機，影像資訊回傳至雲端，雲端運用 AI 判別該路段車輛是逐漸增多或減少，從而決定如何調度交通。再以智慧電網（Smart Grid）為例，透過智慧電錶（Smart Meter）持續抄寫各家戶的用電度數，而後透過 AI 更精準預測後續的家戶用電量、社區用電量，讓供電系統更靈活調度。

　　除了強化 IoT 應用外，AI 也對 IoT 系統自身的運作帶來幫助，AI 可用來預測哪一處的感測器可能會先故障或電池電量先耗盡，哪一個閘道器後續可能成為傳輸瓶頸等，使 IoT 良善且強健地運作。

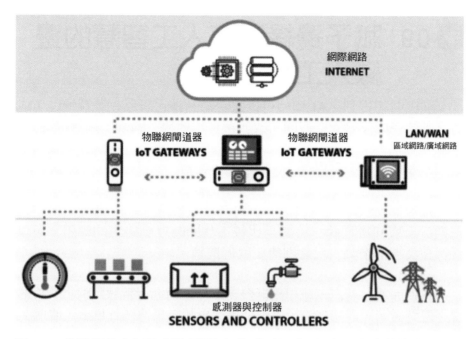

圖 8-1：物聯網分成負責感測現場資訊的感測器（下層）、負責轉傳感測資訊
　　　　的閘道器（中層）以及集中收集感測資訊的雲端（上層）。
資料來源：IoT4Beginners.com

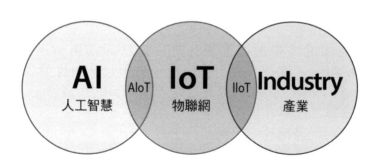

圖 8-2：人工智慧（AI）與物聯網（IoT）結合運用即為人工
　　　　智慧物聯網（AIoT）。
資料來源：作者提供

▶09 賦予邊緣運算人工智慧的邊緣人工智慧

前面曾經提到，AI 模型可以在雲端訓練也可以在雲端推論，或者是訓練完成後自雲端取回，改放置到本地端（local）進行推論。

■ 雲端推論好還是本地端推論好？

那麼問題來了，何種情況下適合放在雲端上進行推論？何時情況則適合取回後推論？答案是比較不具即時反應需求的應用，可以採行在雲端上推論，反之則需要就近推論。

舉例而言，若汽車運用攝影機對車外景物進行智慧判別，若將影像回傳到雲端，雲端推論後得出結果，再將結果傳遞到車上，傳遞上的往往返返已經行車錯失景物了，這時就無法在雲端上推論，必須將 AI 模型放置在車內系統上，在車內即時推論、即時操駕回應。

相對的，對智慧交通應用而言，由於車潮的匯集不會是在 1、2 秒內形成，所以可以等到各路段的影像資料都上傳雲端後，透過數分鐘的時間進行 AI 推論判定，從而對交通號誌進行調控。

對於在鄰近現場進行推論，這一作法通常稱為邊緣人工智慧（Edge AI），該詞其實衍生自近年來興起的邊緣運算（Edge Computing）一詞。邊緣運算其實是雲端運算的一個修正，主張並非是一切運算工作都在雲端上進行，因應時效性需求可以將部分雲端工作下放到現場執行，順應此一主張，Edge Computing 就成了 Edge AI。

而對 AIoT 領域而言，Edge AI 即是把雲端推論工作轉移到 IoT 閘道器上去執行。值得注意的是只有推論會移到前端，訓練依然以雲端為主。

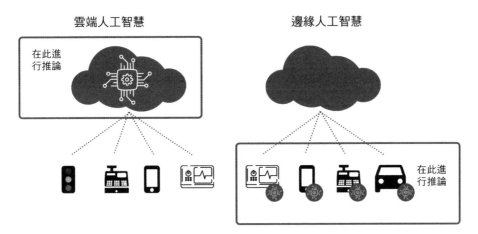

圖 9-1：邊緣人工智慧（Edge AI）就近進行推論，而雲端人工智慧（Cloud AI）是在雲端進行推論。

資料來源：SoftmaxAI

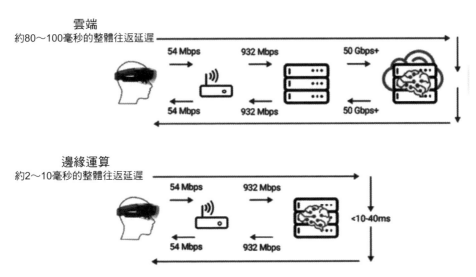

圖 9-2：邊緣的反應時效能力比雲端快約 5 倍。

資料來源：SemiconductorEngineering

▶ 10 讓人工智慧滲透到最末梢的 微型機器學習

　　如前所述，有些 AI 應用為了時效性，需要即時獲得 AI 智慧研判的結果，這時會將 AI 推論工作從雲端下放到本地端或邊緣（edge），而順著此思維，其實也能將 AI 推論工作更往前推，從位於邊緣的閘道器轉移到更靠近感測現場的感測器內，或在物聯網領域，將其稱為感測器節點（sensor node）內。

■ 因感測器多半體積小，微型機器學習因而得名

　　將 AI 推論工作更往前挪移，此稱之為微型機器學習／微型人工智慧（TinyML／TinyAI），或也稱為嵌入式機器學習／嵌入式人工智慧（Embedded ML／Embedded AI），因為感測器已屬嵌入式裝置的領域，感測器本身也多半為小體積，因而得名。

　　至此各位可能會疑惑，AI 通常需要充沛的運算力，雲端是最合適的環境，但某些應用需要即時反應，不得不將推論工作下放到邊緣，即 Edge AI。然邊緣的運算力不如雲端，為了讓推論能即時完成，通常需要對原有的 AI 模型進行瘦身工程，或者在閘道器內配置 AI 硬體加速器等，而感測器的運算力又比閘道器更低落，如此能執行 AI 嗎？

　　關於此，其實 TinyML 依然使用與 Edge AI 相同的手法，不是對 AI 模型進行瘦身，就是運用硬體加速技術，使其依然能順暢、即時執行 AI。

　　但要注意的是，無論 Edge AI 或 TinyML，都僅負責 AI 推論的部分，畢竟感測器與閘道器內都沒有全面性的資料，唯有全面性的資料才能進行 AI 訓練，故依然只在雲端訓練。雖然近年來有些訓練

已採分散方式進行，如聯邦式學習（Federated Learning），但多數還是以雲端為主。

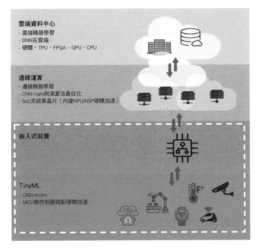

圖 10-1：上層為雲端 AI，中層為 Edge AI（或
　　　　　稱 EdgeML），下層為 TinyML。
資料來源：MDPI

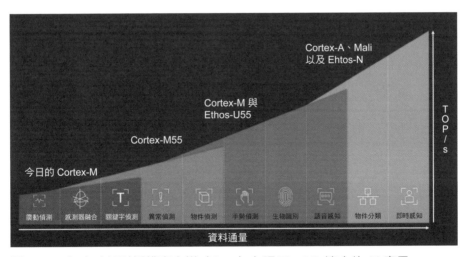

圖 10-2：知名矽智財授權商安謀（Arm）主張 TinyML 適合的 AI 應用。
資料來源：Arm

▶11 自然語言處理、大型語言模型

自然語言處理（Natural Language Processing, NLP）是將 AI 與語言學兩者結合，讓 AI 可以讀懂、聽懂人類話語，然後也能以人類話語的方式回應，這包含人類發問由 AI 回答，或人類說某種語言由 AI 翻譯成另一種語言。與 NLP 相關的還有 ASR（Automatic Speech Recognition，識別哪種話語並轉成電子文字）、NLU（Natural Language Understanding，瞭解話語的意涵）、NLG（Natural Language Generation，AI 有了回應答案後轉換成口語方式呈現）等。

■LLM 正如海嘯般席捲全球

而 NLP 的實現可以使用各種 AI 技術，包含 AI、ML、DL 等；若是使用 DL，並且使用大量的參數、權重等，使該 AI 模型具備高度的人類話語理解力（至少人類感覺上如此）以及與人類相仿的表達能力，則該模型稱為大型語言模型（Large Language Model, LLM）。LLM 約從 2018 年開始，是 AI 領域的一塊新發展。

LLM 看似人語（文字）進、人語（文字）出，但其實也可以是圖片、聲音、影像進，然後其他媒體型態出，例如聲音、程式碼、圖片、影像等，但背後的機理依然與人語意涵有關。至於允許圖像、聲音等多種型態的輸入也稱為多模態（Multimodality）。

知名的 LLM 有 Google 在 2018 年提出的 BERT（Bidirectional Encoder Representations from Transformers）、新創公司 OpenAI 提出的 GPT（Generative Pre-trained Transformer）系列，即 GPT-1／GPT-2／GPT-3／GPT-3.5／GPT-4 等，臉書（Facebook）母集團 Meta 於 2023 年 2 月提出的 LLaMA（Large Language Model Meta AI）等。

LLM 仍持續如火如荼發展中，參數也愈來愈多，2018 年 BERT 僅 3.4 億個，LLaMA 已經達到 650 億個。

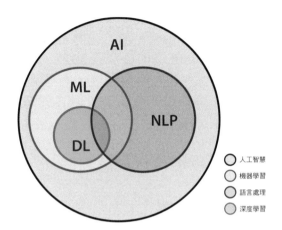

圖 11-1：NLP 與 DL 交疊的領域即為 LLM，
是近年來發展神速的一塊 AI 領域。

資料來源：Tech Future

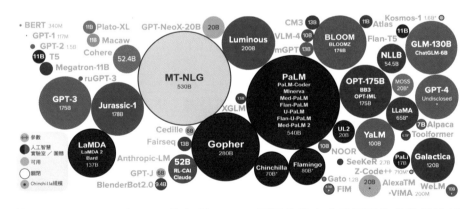

圖 11-2：至 2023 年 5 月的各種 LLM，圓面積越大表示用到的參數規模越
大。

資料來源：LifeArchitect.ai

▶ 12 何謂生成式人工智慧、人工智慧產生內容？

生成式人工智慧（Generative AI，或稱 GAI）、人工智慧產生內容（AI Generated Content, AIGC）是 2022 年、2023 年開始流行，因為短時間內掀起極大的迴響與關注，有些人認為只是一時的行銷煙霧（Buzzword，或稱時髦術語），但其實 GAI、AIGC 確實帶來改變。

■ 善用生成式 AI，你也可以創意無限

生成式 AI 即用 AI 技術來產生內容、創作內容，包含產生文字、程式碼、圖片、影片、聲音，或者是 3D 模型等，目前有幾種 AI 技術可以實現，例如生成對抗網路（Generative Adversarial Networks, GAN）、長短期記憶網路（Long Short-Term Memory, LSTM）、Transformer 模型等。

至於透過 GAI 產生的內容，就稱為 AIGC，但嚴格而論，目前尚未達到完美的 AIGC。AI 產生的內容偏差性大、失敗率高，許多時候只是給真正創作的人一些啟發，或必須以產生的內容為基礎進行修改，或捨棄大量失敗品後只取合用的。

更確切地說，數位內容的產生因為 AI 而進入第三個階段，第一個階段是完全的專業創作，需要專業設備、專業訓練才能實現，例如要購買電子音樂設備、要購買專業剪輯系統等，第二階段是今日攝影機解析度大增、各種視訊剪輯軟體平價化、普及化，人人可以上傳影片當網紅。

而目前由 AI 產生內容，給予創作者靈感或加速創作進度的則為第三階段，稱為 AI 輔助生成內容，真正完全不需要人為介入，全程由 AI 自動生成理想內容的，才是 AIGC。

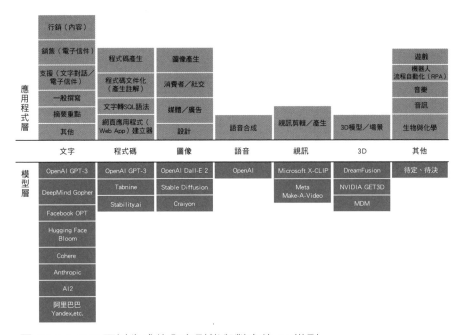

圖 12-1：GAI 可以生成的內容型態與對應的 AI 模型。
資料來源：SEQUOIA

內容生態系統正在進入人工智慧協助的階段

內容創作的四個階段

（縱軸）內容產生量

專業 創作內容	用戶 創作內容	人工智慧 協助用戶 創作內容	完全由 人工智慧 創作內容
個人 經驗	多人小規模 圍繞著目標活動	多人大規模 圍繞著湧現體驗	原宇宙規模的 自發性社交

在社會形態中所居的主導地位

圖 12-2：數位內容生成與理想 AIGC 間的四個發展階段。
資料來源：a16z、ShineINFAITH、Muse Labs

▶ 13 何謂弱人工智慧、強人工智慧、超人工智慧？

　　ANI 與 AGI 是兩個相對的詞，ANI 是指狹義的人工智慧（Artificial Narrow Intelligence，或稱 Narrow AI, NAAI），而 AGI 是指一般性、廣泛通用性、沒有限定性的人工智慧（Artificial General Intelligence）。

■ 人工智慧無所不在，但尚需努力

　　ANI 只有限定性的智慧功用，例如人臉辨識、自動駕駛、加購推薦等，亦即該 AI 系統只能用於識別人臉而無法自動駕駛，而能夠自動駕駛的 AI 系統無法成為購物網站的加購推薦，只能在一種智慧工作上專精化發揮，並在該項任務上持續精進，亦即命中率更高的加購推薦、更低的人臉識別錯誤率等。

　　至於 AGI 就是過往 1980 年代期望實現的 AI，期望 AI 系統具有與人腦相仿的全方位智慧，1984 年的美國科幻電影《魔鬼終結者（Terminatoy）》中的天網（Skynet）系統即類似如此，既能研判威脅情勢，還能自己打造武器、升級武器，還會使詐欺騙人類等。

　　之前我們談及的 Edge AI、TinyML 等向前下放的小型化 AI 即屬於 ANI，而 GenAI、LLM 等則是朝 AGI 的方向努力邁進。ANI 有時稱為弱人工智慧，而 AGI 則是相對稱為強人工智慧。

　　另外還有一個超人工智慧（Artificial Superintelligence, ASI），目前仍處於想像階段而非現實，ASI 可能可以回答所有的難題，可以有開創性的思考（現行 AI 都是人類給予規則經驗，無法超脫），甚至是人類普遍擔心的 AI 自主意識等。很明顯的，ASI 挑戰巨大，沒有人能確認預測到來的時間，有的專文說 2040 年、有的則說 2050 年，均僅供參考。

表 13-1：窄型人工智慧（ANI）（表左）與一般型人工智慧（AGI）（表右）
的差別

窄型人工智慧	一般型人工智慧
特定應用/有限度的工作	訴求與一般人類相仿的智慧
由程式設計師開發的固定領域人工智慧模型	在其運作環境中自主學習與推理
學習程度受限在註記的樣本內	從少數樣本以及非結構化的資料中學習
不需要理解的反射性工作	與人類相同的全範疇認知能力
知識無法轉化到其他領域或工作	運用知識轉化到新領域及工作
今日的人工智慧	企求於未來實現的人工智慧

資料來源：DN Africa

圖 13-1：ANI 只能在人類某些工作上有較人類佳的表現，AGI 則有類似人類
各方面的智慧表現，ASI 則各方面的智慧工作都超越人類。
資料來源：accilium

▶14 如何衡量人工智慧模型的表現？

　　由於本書的重點在於瞭解掌握 AI 產業、AI 供應鏈，所以刻意跳略談論偏資訊工程面的內容，例如跳過談論 AI 的開發訓練程序，程序中包含資料清洗、訓練的模式類型、演算法的挑選等均不談論。

■ 除運用指標客觀衡量外，也可用人的主觀評斷來衡量

　　但是，訓練完成的 AI 模型到底表現好或不好？就有必要初步瞭解，以便在投資 AI 軟體相關業者時，對其宣稱的技術效果有基本的量化權衡依據，從而判斷其發展潛力。

　　衡量 AI 模型的表現有很多項指標，例如準確性（Accuracy）、精確性（Precision）、召回率（Recall）、靈敏度（Sensitivity）、真陽性率（True Positive Rate）、真陰性率（True Negative Rate）、特異性（Specificity）、F1 分數、PR 曲線、ROC 曲線、AUC 曲線等等。

　　進一步的，針對特定領域還有其他的表現指標，例如 BLEU（Bilingual Evaluation Understudy）用來判定 AI 進行文字翻譯時的表現，或者 ROUGE（Recall-Oriented Understudy for Gisting Evaluation）系列指標也用來評估 AI 翻譯後的表現好壞，以及用來評估 AI 對文字摘要能力的好壞。

　　由於篇幅之限，無法在此詳談每個指標的計算公式與意涵，有些指標數字高為佳、低為劣，有些則反之。

　　除了客觀量化數字衡量外，有時也用人的主觀評斷來衡量，特別是現在一些生成式 AI，到底 AI 自動產生的圖片好或不好？自動產

生的程式碼好或不好？現階段可能倚賴主觀判定，後續會有專家學者訂出可客觀量化數字的衡量指標也說不定。

　　AI 推測目標：預先推測出好人：

- TP＝True Positive（真陽性），AI 推測是好人，也真的是好人
- FP＝False Positive／Type I Error（偽陽性），AI 推測是好人，其實是壞人
- TN＝True Negative（真陰性），AI 推測是壞人，也真的是壞人
- FN＝False Negative／Type II Error（偽陰性），AI 推測是壞人，其實是好人

　　ACR／ACC＝Accuracy Rate（準確率）
　　　　　　＝（TN＋TP）／（TP＋FP＋TN＋FN）

　　TPR＝True Positive Rate（真陽性率）＝TP／（TP＋FN）
　　　　＝Recall（召回率）＝Sensitivity（靈敏度）

　　FPR＝False Positive Rate（偽陰性率）＝FP／（FP＋TN）

　　PPV＝Positive Predictive Value＝Precision（精確性）
　　　　＝TP／（TP＋FP）

　　TNR＝True Negative rate＝Specificity／Selectivity（特異性）
　　　　＝TN／（TN＋FP）

　　F1 分數＝（2 × Precision×Recall）／（Precision＋Recall）

　　一般而言，F1 分數越高越好；PR 曲線，彎曲度越小越好，儘可能維持 P、R 的高表現。

　　其他更多 AI 的衡量計算：NPV、FNR、FDR、FOR、LR+、LR-、PT、TS、BA、MCC、FM、BM、MK、DOR。

▶15 人工智慧的效能標竿基準測試

前述為 AI 模型軟體的效能指標檢視，但整體 AI 硬體系統的效能表現如何？此方面也有衡量的指標，稱為標竿（Benchmark，或稱基準）測試。

■ AI 硬體系統效能也有多項測試基準可供選擇

目前由一間名為 MLCommons 的機構訂立出一套標竿基準，稱為 MLPerf，ML 即機器學習之意，Perf 則為效能、性能、績效的縮寫，只取 Performance 的前 4 個字母。

MLPerf 針對不同情境訂立測試基準，例如訓練（Training）、高效能運算訓練（Training：HPC）、資料中心推論（Inference：Datacenter）、邊緣推論（Inference：Edge）、行動推論（Inference：Mobile）、微小推論（Inference：Tiny）等。而前面敘述過的 Edge AI 其實是對應到 Inference：Edge，TinyML 則對應到 Inference：Tiny。

以訓練而言，測試會載明 AI 系統用的晶片、系統板、硬體加速器、軟體等，然後測試項有 8 項：影像分類（Image classification）、醫療用的影像區分（Image segmentation (medical)）、輕度的物品偵測（Object detection, light-weight）、重度的物品偵測（Object detection, heavy-weight）、語音辨識（Speech recognition）、大型語言模型（LLM）、自然語言處理（NLP）、推薦（Recommendation）等，測試結果為分數，分數愈高愈好。

再以微小推論而言，測試項有 4 項：視覺喚醒詞（Visual Wake Words）、影像分類（Image Classification）、找到關鍵字

（Keyword Spotting）、異常偵測（Anomaly Detection），測試結果為時間（單位毫秒，mS）及耗電（單位微焦耳，μJ），兩者都是愈低愈好。

MLPerf 不是唯一的測試基準，也有其他的機構提出不同的測試基準，端看業界普遍接受度為何。

表 15-1：MLPerf 也會載明每個測項用及的資料集與模型

MLPerf™ Training v3.0. Results

Closed　Open

	Benchmark results (minutes)							
Task	Image classification	Image segmentation (medical)	Object detection, light-weight	Object detection, heavy-weight	Speech recognition	LLM	NLP	Recom-mendation
Dataset	ImageNet	KiTS19	OpenImages	COCO	LibriSpeech	C4	Wikipedia	Criteo 4TB
Model	ResNet	3D U-Net	RetinaNet	Mask R-CNN	RNN-T	GPT3	BERT-large	DLRM-dcnv2
						23.611		
								0.134
	0.183							
						10.940		
						45.606		
	57.711	47.715	171.378	86.668	63.216		45.793	
	57.450	42.126	174.366	86.338	64.149		42.682	
	20.764	19.232	54.928	28.579	23.296		10.510	

資料來源：MLCommons

表 15-2：Inference: Tiny 測試除了有 4 個測項，也量測其耗用的時間與電力

MLPerf™ Tiny v1.1 Results : closed

	Benchmark Results							
Task	Visual Wake Words		Image Classification		Keyword Spotting		Anomaly Deteciton	
Data	Visual Wake Words Dataset		CIFAR-10		Google Speech Commands		ToyADMOS (ToyCar)	
Model	MobileNetV1 (0.25x)		ResNet-V1		DSCNN		FC AutoEncoder	
Host Processor Frequency　Accuracy	80% (top 1)		85% (top 1)		90% (top 1)		0.85 (AUC)	
Units	Latency in ms	Energy in uJ	Latency in ms	Energy in uJ	Latency in ms	Energy in uJ	Latency in ms	Energy in uJ
280 MHz	50.4	7,810.7	53.8	8,471.1	16.7	2,367.5	1.8	
280 MHz	50.3	6,928.3	54.9	7,615.4	16.4	2,362.1	1.8	235.8
I) 120 MHz	300.8		389.6		99.8		8.6	
I) 120 MHz	338.9		389.1		144.0		11.7	
I) 120 MHz	224.9	16,536.3	226.9	17,755.4	74.7	5,627.5	7.6	529.3
I) 120 MHz	221.1	16,573.1	222.0	17,315.1	72.7	5,481.6	7.6	528.9
U) 128 MHz	233.3		317.9		78.5		6.3	
200 MHz	98.7		171.4		46.2		4.9	
I) 280 MHz	29.6	3,699.4	51.9	6,310.7	15.4	1,869.4	1.8	221.2
I) 120 MHz	118.7	5,618.3	214.0	7,019.1	62.9	2,833.1	6.9	293.9
U) 160 MHz	71.6	1,920.6	128.2	3,383.8	38.6	1,004.2	4.8	121.4
I) 120 MHz	172.2	7,477.6	298.7	12,684.3	82.0	3,454.8	8.1	334.5
I) 120 MHz	197.8	10,412.8	296.6	14,927.3	93.6	4,747.9	8.0	409.7

資料來源：MLCommons

▶16 電腦視覺、自然語言處理、 資料科學、大數據

　　AI 技術應用廣泛，但歸納整理起來大體為三大領域，一是電腦視覺（Computer Vision, CV），二是之前提及的自然語言處理（NLP），三是資料科學（Data Science）。

■ AI 技術的應用觸及眾多專業領域

　　電腦視覺顧名思義是識別圖片、影片，識別出影像中是否有貓、是否有綠色、是否有人臉、有書籍、餐桌上的菜是什麼菜名等；自然語言處理則是分辨人類講的是哪一國的語言、領解人類說出的話語意涵、用人類的話語回覆表達等；資料科學則是各種資料數據的分析與預測，例如股價預測、從大量交易紀錄中探測可能的假交易等。由於是大領域，所以往下展開自然有更多細項。

　　不過，三大領域其實也是以機器學習（ML）為主，甚至資料科學領域不一定要用到機器學習，在更大範疇的 AI 定義中也包含其他領域，例如機器人（Robotics, RBT）、之前提過的專家系統（Expert System, ES）、知識表達與推理（Knowledge Representation and Reasoning, KRR）等。

　　另外不僅是資料科學，大數據（Big Data，大資料）一詞也經常在 AI 相關的報導與評論中出現。大數據其實是一個跨範圍的泛稱，既屬於資料科學的範圍，也屬於資料科學中資料分析的範圍。而且同時它與 AI、ML、DL 也有關連，雖有其他專文有不同的交疊關係主張，然相去不遠。

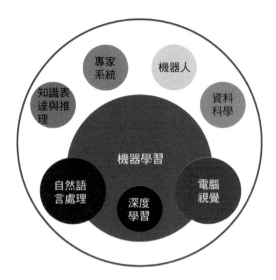

圖 16-1：AI 的主要領域範疇。
資料來源：Puranjay Wadhera@Medium

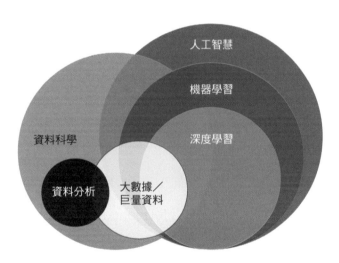

圖 16-2：資料科學、大數據等與 AI 的關係。
資料來源：Towards Data Science

▶ 17 全球都在關注人工智慧

AI 真的是全球關注的趨勢嗎？或許可以從 Google 的關鍵字搜尋熱度一窺一二。Google Trends 是由 Google 提供的服務，可以讓大眾查詢各種關鍵字在 Google 搜尋引擎上的熱度，不過 Google 只以搜尋最高次數為 100%，然後給予時間週期的相對百分比數字，沒有絕對的搜尋次數數字。

■ 人工智慧正在蓬勃發展中

筆者輸入人工智慧的縮寫「AI」及全寫「Artificial Intelligence」，範疇為全球，時間週期為 2004 年至 2023 年，且不分任何類別（Google Trends 可以設定工商業、人文與社會、工作與教育等類別），從長期趨勢而言，AI 確實是持續走升的。另外筆者是以 Google 網頁搜尋為主，若以 Google 新聞搜尋為主，趨勢相同且更明顯。

不過，若以中文「人工智慧」查詢，可能礙於統計量的有限，趨勢並不明顯，且幾乎只有台灣、香港跟少量的美國是用「人工智慧」這詞語。若是以「人工智能」查詢，則以中國、澳門、香港、台灣、新加坡為多，且由於大陸地區以百度（Baidu）具有壓倒性佔量，Google 的搜尋也不能為準。

即便如此，由於重點是 AI 技術及其產品服務能否進軍全球、銷售全球，故仍是以 AI、Artificial Intelligence 關鍵詞的搜尋趨勢為主要依據。

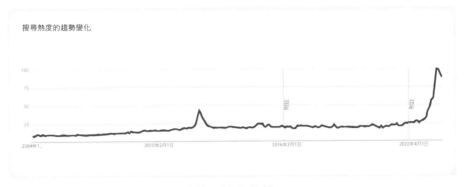

圖 17-1：以關鍵字「AI」的全球範圍搜尋趨勢。
資料來源：Google Trends

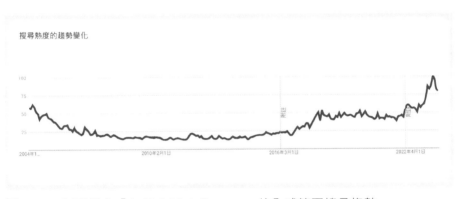

圖 17-2：以關鍵字「Artificial Intelligence」的全球範圍搜尋趨勢。
資料來源：Google Trends

▶ 18 人工智慧產業關鍵技術大事紀

　　目前興盛的第三波 AI 熱潮，其實也是科技業界眾多業者投入研發所累積，依據摩根史坦利研究，認為重要的技術發展如下：

■ 1997～2022 大事紀

1997～1999 年，NVIDIA 推出 GPU；研究提出長短記憶（LSTM）架構，為一種循環神經網路（RNN）

2000 年，Netflix 提出 Cinematch 演算法；Amazon 發表產品推薦的研究論文

2006 年，Nvidia 提出 CUDA 軟體

2009 年，Facebook 開始對推文導入優先權

2009 年，ImageNet 登場

2011 年，IBM Watson 人工智慧技術參加綜藝節目《危險邊緣（Jeopardy）》的測試，與人類競賽

2012 年，AlexNet 模型提出（ImageNet+CNN）

2014 年，Amazon 提出 Alex 智慧語音服務（基於 RNN）

2014 年，Tesla 推出 Autopilot 自駕技術

2017 年，Google 提出 Transformer 模型

2018 年，Google 提出 BERT 模型

2019 年，OpenAI 發表 GPT-2 模型

2020 年，OpenAI 發表 GPT-3 模型；Microsoft 簽署 GPT-3 獨家授權

2021 年，Google 發表 LaMDA 模型

2021 年 1 月，OpenAI 發表 DALL-E 1 模型（以文字生成圖像）

2022 年 4 月，OpenAI 發表 DALL-E 2 模型（圖像細節與變化升級）

2022 年 5 月，Google 提出 Iamgen 模型（文字生圖像）

2022 年 8 月，Stability AI 提出 Stable Diffusion 模型（文字生圖像）

2022 年 9 月，Meta（Facebook 母公司）提出 Make-a-Video 模型（文字生影片）

2022 年 10 月，Google 提出 Phenaki 模型（提供提示文字等細節可以產生長時間的影片）

2022 年 10 月，Google 提出 Imagen Video（文字生影片）

2022 年 11 月，Lensa AI 提出（運用開放原始程式碼的 Stable Diffusion 生成肖像畫）

2022 年 11 月，OpenAI 公司推出 ChatGPT 自然語言模型（類似人的文字對話）

2022 年 12 月，Google 提出 Dramatron（生成影視劇本）

2023 年當然也有許多 AI 技術發展，但越到近期越難分辨其發展是否具有重大產業意義。事實上，2022 年一些發展已有此趨向，新進資訊有待時間觀察而後論斷。

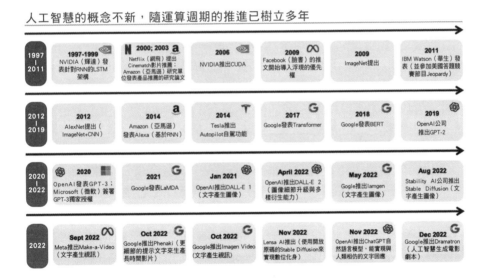

圖 18-1：人工智慧產業關鍵技術大事紀
資料來源：摩根史坦利研究

▶19 國內外人工智慧相關報導媒體、產業研究

　　由於 AI 屬於資訊軟硬體技術的持續擴展延伸，所以想投資 AI 產業、AI 供應鏈的人，除了原有熟悉的財經媒體外，有必要也關注追蹤一下專業的國內外資訊產業媒體網站，甚至是能提供 AI 產業研究、市場調查報告的機構。

■ AI 產業媒體或研究機構之報告與證券商之投資報告有其差異性

　　先說國內媒體，例如 iThome、DIGITIMES 科技網、科技新報，經常會有 AI 產業動向的相關報導，不過並非所有內容都能自由瀏覽，有些需要註冊會員才能觀看，甚至有的是付費會員才能觀看。至於國外媒體方面，例如 InfoWorld、TechTarget、TechCrunch、CNET、ZDNet 等。

　　即便是專業的資訊產業媒體，依然會是以新穎題材為主，更廣泛或更深入的研究，則倚賴產業研究機構出版的產業研究報告，這類型的報告與證券商提供的投資報告有差異性，通常不直接給予買進、觀望等投資建議，而是更多層面的說明前景與業者間的競爭利、害關連性。

　　一樣先說明國內，國內與 AI 技術相關的產業研究機構如 IEK（工業技術研究院／工研院）、MIC（資訊工業策進會／資策會）、ITIS，或者是 DIGITIMES Research（DIGITIMES 的研究部門）、TrendForce 集邦科技等，產業報告幾乎多數需要付費取得，但仍有少數資訊以新聞稿方式揭露。

　　至於國外與 AI 相關的產業研究機構，則以國際數據資訊（IDC）、Gartner 等較為知名，且一樣多數需付費取得。另外與 AI 相關的重要年會、展會也需要注意。

圖 19-1：專業資訊領域媒體 iThome，既有平面週報也有 AI 相關的新聞專
區。

資料來源：iThome 官網

圖 19-2：IDC 每半年發布一次全球 AI 產業的市場調查報告。

資料來源：IDC 官網

▶20 人工智慧市場成長可期

　　AI 市場好不好？值不值得投資？這點既要看市場大小，也要看成長力道。特別是成長力道，因為 AI 為技術概念，不同的產業研究機構、市場調查機構認定不一，因而有市場規模的差異，故成長性較能反應一致的態度。

■ 多數研究機構對 AI 市場的未來預測都是看好的

　　根據國際數據資訊（IDC）在 2022 年 7 月的發布，全球 AI 市場於 2022～2026 年間的年複合成長率（CAGR）為 18.6%[1]，並在 2026 年會達到 9,000 億美元的市場規模，且會以 AI 平台的市場佔比為最高，佔整體 AI 市場的 35%以上，次之為 IT 資訊技術服務，將自 25%成長至趨近 30%。

　　不僅是 IDC，其他產業研究機構也都給出樂觀的市場展望，例如 Grand View Research 表示全球 AI 市場在 2022 年達到 1,365 億美元的規模，預計 2023～2030 年間的年複合成長會達 37.3%。

　　或如 Polaris Market Research 在 2022 年 7 月發布，全球市場在 2021 年達 515 億美元（認定範疇較少），並在 2022～2030 年間將有 21.3%的年複合成長；至於 Precedence Research 的調查，全球 2022 年的 AI 市場為 4,541 億美元（認定範疇較大），並在 2023～2032 年間的年複合成長為 19%，在 2032 年達到 2 兆 5,751 億美元。

　　或如 Gartner 預估 [2]2021～2025 年間的全球 AI 軟體市場將有 31.1%的年複合成長，並在 2025 年達到 1,348 億美元。

　　歸結上述可以發現，多數機構對 AI 市場的未來發展所給出的預

註 1：https://www.idc.com/getdoc.jsp?containerId=prEUR249536522
註 2：https://www.gartner.com/guest/purchase/registration?resId=4007140

測都是雙位數（double digit）的年增率，且幾乎都接近或超過 20% 年增，同時多是上千億美元的市場規模，顯見 AI 的未來看好性。

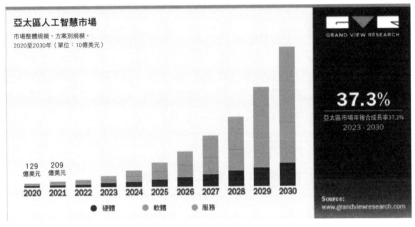

圖 20-1：Grand View Research 預估 2023～2030 年 AI 市場年複合
　　　　成長為 37.3%。
資料來源：Grand View Research 官網

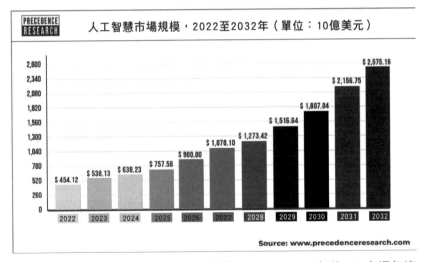

圖 20-2：Precedence Research 預估 2022～2032 年的 AI 市場年複
　　　　合成長為 19%。
資料來源：Precedence Research 官網

▶ 21 自駕車

　　自駕車（Self-driving car）是 AI 一項重要應用，運用光達（Light Detection And Ranging, LiDAR）感測、攝影機影像感測，判定車子自身與外界的車道、鄰車、路人、不明物（例如突然從貨車上滾落的油桶、鋼筋條）等周遭間的距離、位置、速度等，從而實現避障，搭配上導航功能，最終實現不需要人為介入的全程自動駕駛。

■ 近期 AI 行車電腦已成為一大商機

　　AI 的技術重點就在於對各種外物的識別演算、避障演算，由於外界事物多變，且隨著行車速度加快，演算速度也要跟進提升，否則等車輛駛過才完成判定，已經錯失轉向機會等，因此必須有更強大快速的 AI 電腦、AI 演算才行，以便能及時判定、及時回應，從而操駕汽車的油門、煞車、方向等行駛變換。

　　為了及時判定，演算必須就近在車內進行。若是光達資料、影像資料透過傳輸傳遞至雲端，雲端運用 AI 演算完成後，才將判定結果回傳至車內，如此來回傳遞通常已經錯過操駕機會，故自駕車需要配備強大運算力、強大演算法的 AI 行車電腦，此成為一大商機。

　　不過，全程自駕是終極理想，難一蹴可及、一步到位，故國際汽車工程學會（Society of Automotive Engineers International, SAE International）提出自駕的程度級別，分為 Level 0～5。Level 0 毫無自駕功能，Level 5 為各種情境下均可全程自駕，Level 1～4 則有不同程度的自駕，並有若干人為介入操駕等，AI 技術與產業鏈的成長與健全，有助於全程自駕的早日到來。

表 21-1：SAE 定義的車輛自動駕駛程度

自動駕駛分級	名稱	定義	駕駛操作	周邊監控	接管	應用場景
L0	人工駕駛	由人類駕駛員全權駕駛車輛	人類駕駛員	人類駕駛員	人類駕駛員	無
L1	輔助駕駛	車輛對方向盤和加減速中的一項操作提供駕駛，人類駕駛員負責其餘的駕駛動作	人類駕駛員和車輛			限定場景
L2	部分自動駕駛	車輛對方向盤和加減速中的多項操作提供駕駛，人類駕駛員負責其餘的駕駛動作				
L3	條件自動駕駛	由車輛完成絕大部分駕駛操作，人類駕駛員需保持注意力集中以備不時之需	車輛			
L4	高度自動駕駛	由車輛完成所有駕駛動作，人類駕駛員無需保持注意力集中，但限定道路和環境條件		車輛	車輛	
L5	完全自動駕駛	由車輛完成所有駕駛操作，人類駕駛員無需保持注意力集中				所有場景

資料來源：維基百科

圖 21-1：Alphabet 集團旗下的子公司 Waymo（Google 姊妹公司）專注於發展自駕車。
資料來源：Alphabet

▶22 更智慧的聊天機器人

　　聊天機器人（chatbot）雖名為機器人，但其實沒有可見、可觸摸的外型，它不是硬體，而是一種能夠與人簡單文字對話（有時搭配簡單的提示選項）的自動化軟體程式，用來因應簡單的客戶詢問，以減輕真人客戶服務（簡稱客服）人員的工作負擔，讓企業主用較低的成本達到更高的整體服務能量。

■ 聊天機器人真的好用嗎？

　　不過，現行聊天機器人也常出現各種抱怨，例如答非所問、胡亂指引、指引動線不斷循環（鬼打牆）等，這可能是因為程式規劃設計不良，或傳統程式的智慧能力受限等，不僅沒有為真人客服分憂解勞，還徒增抱怨，降低客戶滿意度，適得其反。

　　然而，在 2022 年末 ChatGPT 之類的 AI 大型語言模型（Large Language Model, LLM）技術逐漸成熟後，往後要實現「更真確瞭解客戶文意，從而給出精準回覆與指引」的智慧人性客服已成為可能，目前已有諸多企業評估導入 ChatGPT 或類 ChatGPT 的 AI 客服方案，甚已進入概念驗證（Proof of Concept, PoC）。

　　由於大型語言模型需要強大的 AI 運算力才能實現（雖然也開始有人主張已發展出少量 AI 運算力就能實現的 LLM，但仍需一段時間觀察其實際表現），故會刺激更多企業購買與建置 AI 運算系統，或向公有雲服務商（Cloud Service Provider, CSP）租用 AI 運算力，間接也刺激公有雲服務商購買更多 AI 運算系統，無論哪一種，都會使整體 AI 產業鏈更加成長茁壯。或反過來說，強大充沛的 AI 運算力、系統及服務，從而鼓勵企業導致更人性、更智慧的自動客服。

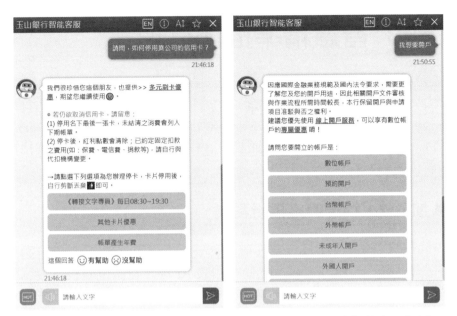

圖 22-1：典型文字對話的聊天機器人，此處以玉山銀行的智能客服為例。
資料來源：https://robot.esunbank.com.tw/

 我想買一台電腦

購買電腦是一項很棒的決定！在購買電腦之前，您可以考慮一些因素，以便確保您購買的電
腦符合您的需求。

1. 用途：您將使用電腦的用途是什麼？是為了工作或學習？是為了娛樂或遊戲？或者是混合使
   用？您的用途將決定您需要的電腦的配置。
2. 預算：您有多少預算可用於購買電腦？通常，較高端的電腦配置較昂貴，而較低端的電腦配
   置較便宜。因此，您可以根據您的預算決定您需要的電腦配置。
3. 螢幕大小：您希望螢幕的大小是多少？螢幕越大，電腦就越大和重，但是您可以看到的東西
   也越多。如果您希望攜帶電腦，則可能希望選擇較小的螢幕。
4. 硬體配置：電腦的硬體配置包括處理器（CPU）、記憶體（RAM）、硬碟（HDD／SSD）和
   顯卡（GPU）等。通常，較高端的硬體配置會更快，但也會更昂貴。您可以根據您的用途和
   預算決定所需的

圖 22-2：典型 ChatGPT 文字對話的畫面，ChatGPT 已能精準針對問題提
供完整、條理性的回覆。
資料來源：作者提供

▶23 智慧精準推播行銷

今日較進步都城的公眾場合已廣設數位看板（Digital Signage）、資訊服務亭（Kiosk，例如全家便利商店的 FamiPort、7-11 的 ibon 等）以提供便民服務，在提供服務資訊的同時也推播許多廣告。

■加入 AI 精準的推播行銷

不過這些廣告多採廣播、輪播性質，並不知曉鄰近觀看者的身分，無法進一步精準行銷。然而在引入 AI 後，在數位看板、資訊服務亭附近裝設攝影機，對影像進行智慧辨識，瞭解鄰近者的性別、年紀，從而提供更精準的廣告。

舉例而言，如果 AI 判定的結果顯示鄰近者的身高未滿 120 公分，那麼估計是個學童，就會暫時不推播煙酒類的廣告；如果判定的結果是身形特徵為女性，則可以推播藥妝相關廣告。

即便判定結果不甚精準，可能只有 70%、80%的準確性，甚至因誤判而對學童推播煙酒廣告，廣告畫面上仍有「未成年請勿飲酒」等預防性的提示。推播不準確無傷大雅，但準確推播則能增進廣告效益。

除此之外，公眾區域的 AI 影像辨識也有助於實體商家營運，假設百貨各樓層都設有數位看板，並用 AI 影像識別出人潮流量，則有助於檢討與改善動線設計，或發現星期三以男主顧居多，則可以評估規劃發起星期三男性日的全館消費折扣活動。

類似於此，還可以有更多的應用發揮想像，或相同概念也能套用在其他公眾服務系統上，如自動提款機（Automated Teller

Machine, ATM）、自動販賣機等，若再搭配上其他行銷科技
（Martech，Marketing＋Tech），未來更是商機無限。

圖 23-1：典型公眾場合（此處為機場）的數位看板設置。
資料來源：SageInfoTech

圖 23-2：全家便利商店的資訊
　　　　　服務亭 FamiPort。
資料來源：作者提供

▶24 資通訊安全防護

　　人工智慧也很適合用於資訊安全、通訊安全相關的偵測防護上，以最普羅大宗的防毒軟體（Anti-Virus, AV）而言，過去很長一段時間是使用特徵碼（virus signature 或 virus pattern，也稱病毒碼）比對技術來查核檢驗某檔案是否帶有病毒，或近年來的說法為是否帶有惡意的惡意程式（malware）。

■有了 AI 的加持，資通防護即時、高效率

　　特徵碼比對的偵測手法，需要累積長久、大量的特徵碼資料庫，由於老舊的病毒依然可能散播、發作，依然需要偵測，故資料庫的累積量將日益增大，導致偵測比對日益緩慢，用戶的電腦也隨之變慢。

　　再者，特徵碼比對手法在過去「電腦病毒量少、新電腦病毒出現慢」的時代管用，但近年來病毒改版快速且變化豐富，可以輕易避開死板的比對，偵測能力也隨之鈍化，且必須時時取得最新的特徵碼，才能維持偵測能力。

　　相對的，以 AI 方式實現惡意偵測，運用 AI 的智慧性，只要檔案或程式出現與過往類似的惡意行為，就會被 AI 偵測出並發出警告，或直接先行隔離阻斷，避免對資訊系統產生傷害。

　　此外，以 AI 技術實現的資安威脅偵測，其偵測模型可以適用一段時間，不需要如同特徵碼比對技術般需時時更新，對網路的連線需要較低，同時也較無偵測系統逐漸膨脹遲緩的問題。

　　防毒軟體僅是一例，其他資安防護也適用，如防火牆（Firewall, FW）、入侵偵測系統（IDS）、垃圾信（SPAM）偵測等均適用。

傳統防毒軟體　　　　　　　　新一代防毒軟體

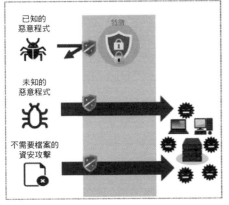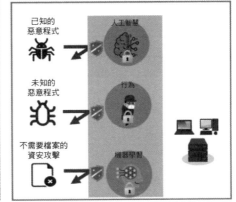

圖 24-1：傳統特徵碼比對的防毒軟體對於未知病毒毫無作用，而新一代使用
　　　　　AI 技術的防毒軟體對相似的異常行為也有偵測能力。
資料來源：Syscom Global Solutions

人工智慧用於資安防護

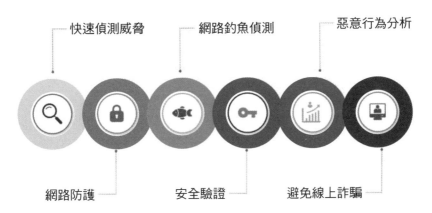

圖 24-2：AI 在多種資安防護上均有助益，如釣魚偵測、詐騙偵測、異常行為
　　　　　偵測。
資料來源：Orange Mantra

▶25 自動剪接電影預告片

　　人工的影片剪輯非常費時、費神、費工夫，而運用 AI 代為剪輯影片是近年來一個新的嘗試應用。

■ 人工智慧剪輯大幅縮減製程

　　舉例而言，全球資訊大廠 IBM 即有自主開發的 AI 技術，稱為華生（Watson，名稱靈感來自 IBM 創辦人 Thomas J. Watson）。IBM 將 100 部恐怖電影輸入給 Watson 讓其學習，讓其瞭解恐怖橋段（梗）的聲光影音元素及特點。

　　完成訓練後，IBM 再將新的恐怖電影輸入給 Watson，由其來擷取其中的恐怖橋段，以此方式來完成預告片的剪接工作（Movie Trailer Creation）。對此實際案例是 2016 年出品的恐怖電影《魔詭（Morgan）》，將約 95 分鐘片長的完整電影剪接出 2 分 36 秒的預告片。

　　就一般而言，一部 60～120 分鐘的電影，要剪輯出 3～5 分鐘的預告片，需要專業的剪接團隊花費約 10～30 個工作天來完成，但改用 AI 方式剪接後只要 24 小時，大幅縮短時間。

　　除了恐怖片外，預計後續也能剪接其他類型的影片，如動作片、喜劇片、科幻片等，只要訓練出不同的 AI 模型，使其掌握不同的橋段聲光特性，便可如法炮製剪接出預告片。

　　當然，宣傳預告片剪輯品質的好壞多少會影響票房，但有可能其他的宣傳也很重要，例如影星出訪、報章媒體配合報導等，若在製片預算有限或已經趕不及製作預告片下，或可使用 AI 剪輯預告片，或由其剪輯數個版本，最終人為選定較適合的版本再進行微調，仍比過去全程人工剪輯來得省力。

圖 25-1：2016 年恐怖電影《魔詭》的預告片是用 AI 剪輯而成。
資料來源：YouTube

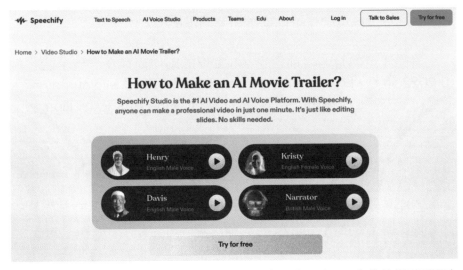

圖 25-2：Speechify Studio 線上影音剪輯平台，亦具有 AI 自動剪輯電影預告
片電影技術。
資料來源：Speechify 官網

▶26 加速數位內容創作

　　若說 AI 用於視訊剪輯、影片剪接是偏向苦勞工作的代勞，那麼加速靈感發想、內容創作則是更吸引人的一項 AI 應用。

■ 自動生成 AI 創作蔚為風尚，但也多有爭議

　　近年來，由於生成式人工智慧（Generative AI, GenAI）的發展神速，先給 AI 進行訓練，而後給 AI 若干提示，讓 AI 主動生成一些過往未曾有過的文字、圖像等，從而給小說創作者、劇本的編劇等新的靈感啟發，或用在新的數位藝術創作等，正蔚為風尚。

　　以實際而言，已有許多人用 DALL-E、Midjourney、Disco Diffusion 等 AI 工具來生成創作圖片，或用 NovelAI 來續寫小說，且可以給 AI 提示要寫成何種風格，例如奇幻、恐怖、浪漫、科幻、懸疑，圖片生成也同樣可以提示需要的畫風。

　　值得注意的是，目前透過 AI 實現的創作尚存在一些爭議，例如 2022 年 9 月有一位名叫 Jason Allen 的男生用 Midjourney 產生的畫作，去參加科羅拉多州博覽會舉辦的 Fine Arts Exhibition 美術展，而且獲獎，此舉引發藝術圈的質疑與討論。

　　由於自動生成的 AI 創作也是需要事先收集各種素材，而後運用素材對 AI 模型加以訓練，最終才能使 AI 發揮創作功效，而素材來自公開網路，網路圖文資料並非全然不受保護，依然有其版權宣告、著作權等顧慮，如此 AI 有剽竊之嫌。

　　故目前已有諸多機關單位已發布一些指示要則，要求從屬人員不可使用 AI 創作工具，或有限度的使用 AI 工具，以避免侵權。

圖 26-1：Jason Allen 運用 AI 工具 Midjourney 產生的數位畫作，因獲獎而引發爭議。
資料來源：Jason Allen

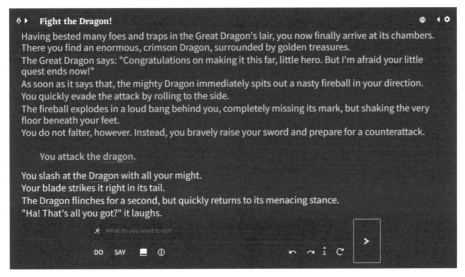

圖 26-2：NovelAI 透過真人的若干提示自動生成小說故事的範例畫面。
資料來源：NovelAI 官網

▶27 生產良率把關

製造業除了重視交期、交量、交價外，也重視交付的品質，即製造良率（yield）。過往至今，許多良率把關是透過老師傅或專業品管人員，但有幾種情形不適合再用人工把關。

■AOI 與 AI 互補運用檢測才是王道

一是今日少子化，許多老師傅願意傳承品質把關訣竅技術，也不一定有人願意學；二是若遭遇加班趕工，有時現行所有品管人員都加班投入可能都不夠，進而影響產能，或放寬品管依然出貨，但後續有可能因產品瑕疵過高而影響商譽，未來客戶不再下訂單，即賺了眼前，賠了未來。

對於品管人力的分憂解勞，其實也有所謂的自動光學檢測（AOI），透過產線上的攝影機影像來判定產品是否有瑕疵。不過，AOI 是運用傳統程式技術實現的，與今日的 AI 技術相比，AI 技術的檢測可靠性更佳、誤判率更低、識別速度更快、需要人工複檢的機率更低等。因此，現有的 AOI 瑕疵檢測系統後續都將逐漸融入 AI 技術，使其檢測能力更具智慧性。

要注意的是，傳統 AOI 技術也不會因此全部被捨棄，傳統程式的瑕疵檢測依然有其價值，例如在長度、直徑等重複精度要求高的生產要求下，傳統程式的瑕疵檢測反而比 AI 理想，AI 適合一些較需要誤差容忍的檢測上。

所以，AOI 與 AI 為適合互補運用，比起完全只用品管人力，或單純只用傳統 AOI，或完全只用 AI 等，現階段 AOI、AI 混用、融合運用最為理想。

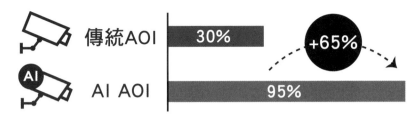

圖 27-1：以某隱形眼鏡製造商為例，運用 AI 技術的
AOI 比傳統 AOI 提高 65%檢測準確性。
資料來源：凌華電腦官網

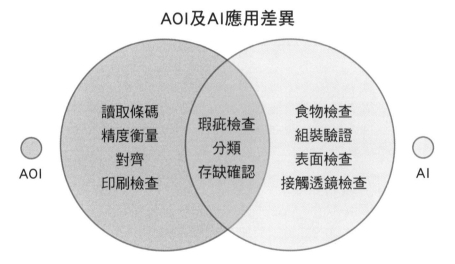

圖 27-2：AOI 與 AI 仍有應用上的差異，但兩者均適合用於製造瑕疵檢測
（Defect Inspection）。
資料來源：所羅門公司官網

▶28 會議記錄與重點摘要

　　雖然「開會文化」的問題很早就提出來，但似乎沒有短減的趨向，即便是 COVID-19 疫情期間也有許多遠端視訊會議。而會議過程與結束後最讓人感受壓力的，莫過於要進行會議記錄，通常會有助理負責，或有與會成員輪流，如同學生時代輪值日生一樣痛苦。

■ AI 自動生成會議記錄及摘要省時又省力

　　而在 AI 的語音識別正確率不斷提升後，已能夠將與會的各種交談轉換成文字，自動生成逐字稿，負責記錄者只要調修若干識別錯誤的字詞，就算是完成會議記錄。

　　不過，與會的人或主管估計沒人有時間與耐心回頭再看逐字稿，且逐字稿與全程錄音差別不大，至多提供全文檢索的便利，對於忙碌的經理人而言，更希望看到的是整個會議的重點摘要，這又成為會議記錄者另一個要勞心勞神的地方。

　　所幸現在 AI 技術進步，已經可以從全程會議記錄中的文字自動擷取重點，舉例而言，Vocol 語音協作平台即強調只要上傳會議的影音檔案，幾分鐘內就可以自動生成逐字稿（中英夾雜也行）、內容摘要、主題等，甚至自動識別發言者，讓會議記錄智慧化，大幅減省人工心力。

　　除了 Vocol 外，知名的 ChatGPT 搭配 Whisper 也是可以實現自動聽打、摘要等功能，甚至是完成後的寄發等，而視訊會議軟體 Zoom 也開始加入同樣的會議摘要功能。

圖 28-1：Vocol 線上平台登入後的畫面，上傳影音檔即可自動生成逐字稿、摘
要。
資料來源：Vocol 官網

圖 28-2：Zoom 視訊會議軟體加入 Zoom IQ Meeting Summary 的 AI 自動生
成會議摘要功能。
資料來源：Zoom 官網

▶29 搭配無人機的人工智慧應用

今日許多集會遊行在報導時會有浮誇的數據，僅佔據一、二條街的人潮也宣稱達 50 萬人，針對此，可以透過無人機（UAV，俗稱 Drone）進行空拍，而後不是用肉眼慢慢清點黑頭人數，而是運用 AI 技術，對影像的面積、疏密等進行判定，從而推算出合理的人潮人數。

■ 無人機運用 AI 技術提高工作效率

或者，有的國家會抓逃漏稅，例如過去希臘有錢人經常把家裡的私人游泳池用帆布蓋上，避免被查到，因為有私人游泳池要被課許多稅；或者日本也對擅自改裝的家戶進行罰款，這些課罰都需要空拍影像證據，而無人機可以廣闊拍攝，而後用 AI 與歷史資料進行比對，即可快速標出差異，進而由人進一步追蹤差異。然而光在初期用 AI 對廣面積的影像判定，已能達到很大的分憂解勞效果。

類似的還有空拍搭配 AI 可以快速判定作物是否已能收成，或者天災影響後也可以用空拍搭配 AI 判定作物的災損程度。另外高空的檢修作業，如檢查高壓電塔、風力發電機葉片等，過往需要人攀爬的作業改用無人機也比較安全，而後運用 AI 影像對破損進行初步判定等。

事實上無人機在空中飛行，由於空中有諸多情形，例如臨時飛來斷線風箏、突然掉落的看板等，對此無人機上也需要用上 AI，在無人機偵測到外物的大小、距離、靠近速度後，運用 AI 自行避開障礙保持飛行，這點類似自駕車的 AI 應用。

圖 29-1：典型帶有攝影鏡頭的四軸無人機。
資料來源：IndiaMart.com

圖 29-2：無人機空拍影像後再用 AI 對影像進行各種智慧判定。
資料來源：TagX

▶30 人工智慧應用於生醫領域

　　AI 在醫療領域也有各種用途，例如用過往大量的 X 光片影像資料進行訓練，可以訓練出一個可以判斷病灶的 AI 模型，例如偵測胸腔的肺結核、偵測腦部的阿茲海默症等，其他醫療影像也適用，例如腸胃鏡影像、核磁共振影像（MRI）、超音波影像等。另外，心電圖資料也可以分析訓練，聽診器的聲音資料也可以分析訓練等。

■ AI 在醫學診斷、病理、藥物研發、手術等方面皆有應用

　　運用影像進行智慧判定，或許會讓人聯想到前述的生產製程良率把關，對此其實還是有些不同。依據生產製程訓練出的品質把關 AI 模型，有可能因為製程改變或產線調整，就必須重新累積影像資料、重新訓練模型，相對的，人體醫療影像的差異性較小，模型的持續適用性較高。

　　不過，醫療畢竟攸關性命，生產良率把關可以當作第一線把關，而後再交由更專精的品管人員進行再確認，但醫療影像的 AI 判定則否，若用 AI 進行第一線把關，對病灶有無進行誤判，特別是有病灶卻被 AI 判定成無病灶，則是會有相當嚴重的後果。

　　所以，醫療影像 AI 主要為輔助作用，對於判定經驗尚淺的實習醫生，可以在專業主觀判定後，再與 AI 推論結果進行比對，從而確認。

　　不僅有醫療應用，AI 也可以用於病理、藥理、基因等研究，用於看護、復健、疫情擴散等研究，這些都在嘗試摸索中。

人工智慧
在醫療領域的優勢

更佳的資料管理
機器人
保存重要資訊
節省成本
內部溝通提升
病患可以得到立即協助
住院時間縮短
降低重新入院

圖 30-1：AI 技術應用於醫療領域具有多項益處。
資料來源：ExpertAppDevs

2021年至2030年人工智慧在醫療領域的市場規模（單位：10億美元）

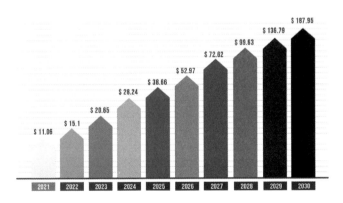

圖 30-2：市場調查研究機構 Precedence Research 公司預估醫療領域的 AI 市場將在 2030 年達到 1,879 億美元的規模。
資料來源：Precedence Research

▶31 各種人工智慧預測應用

AI 可以用於各種現行預測工作，例如天氣預測、股市預測、用電量預測、設備故障預測等；有了不同的預測，方能進行各種事先準備因應。

■ AI 預測已廣泛應用在日常生活中

例如天氣預測，可以讓農場主人考慮是否提前收割，以避免災損；股市預測，可以掌握投資機會或規避風險；用電量預測，則牽涉到發電廠的機組預定與經濟調度，甚至是用電量的成長率預測。

因為電力公司增建新廠的規劃，不可能在短時間內開案、短時間內完工，其需要數年的時間，故未來數年的用電量增長性也需要預測；而設備故障預測，則能事先檢查或更換設備零件，避免意外發生。

要注意的是，AI 不一定比現行其他預測技術好，而是提供另一種預測參考，且必須考量到實現預測所需要的成本與時間等，對此 AI 也不一定是最佳方法，端看可運用的資料與實務需求。

以前述的用電量推估而言，有的電力公司使用統計技術預測，有的則使用較前期的 AI 技術進行預測，例如專家系統；有的則使用機器學習、深度學習等 AI 預測，但也可能完全不用，只倚賴老師傅的直覺經驗就完成預測，且偏差程度仍在可接受範圍內，如此反而最快速、最省成本。

類似的，例如針對各種金融投資也早有多種對應的公開或獨家分析預測技術，AI 僅為一種新方式、新方法，實際效用仍要經過市場實務考驗。

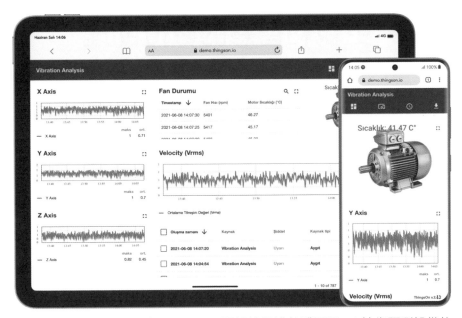

圖 31-1：VolSoft 公司的 ThingsOn 預設性維護軟體運用 AI 技術預測設備故
障時間，從而事先檢修。

資料來源：VolSoft

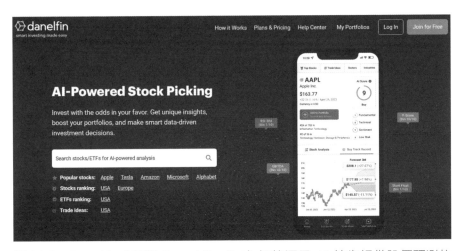

圖 31-2：Danelfin（昔稱 Danel Capital）標榜運用 AI 技術提供股價預測軟
體服務，類似的業者還有 FinBrain、I Know First 等。

資料來源：Danelfin

▶32 更親和智慧的數位助理

　　前面提及 AI 能用於商務活動中的會議記錄與摘要，但對於商務工作者的個人而言，AI 也同樣能帶來幫助；過往只有高階主管有個人祕書、助理，基層個員需要自己打點一切，但在個人資訊管理（PIM）應用程式、個人數位助理（PDA）手持式裝置出現後，已經有若干祕書、助理工作能用資訊技術替代，例如聯絡人、行事曆、待辦事項等。

■ AI 的加入能讓數位助理更加智慧化

　　之後 Google 帶來搜尋旋風，全文檢索讓個人商務工作更便利，更之後 Apple Siri、Amazon Alexa、Google Assistant 等語音操作功能普及，口語搜尋也讓工作更加方便，例如可以直接詢問股價、天氣等資訊。

　　沿此路線持續強化提升，工作者與數位助理軟硬體間的互動也更加逼近真人對談，日益逼近真人祕書、助理的能力，這形同把客服 AI 對話機器人的智慧性，改運用於商務工作者身上，且是隨時隨身運用，而非因偶一為之的客戶服務用途。

　　事實上，早於 1997 年微軟（Microsoft）在其 Microsoft Office 系列軟體上就曾加入 Office 小幫手（Office Assistant）功能，用一個程式畫面中的虛擬角色與使用者互動，以便協助工作者更快完成工作。小幫手的角色有多種選擇，一般認為最經典的是大眼迴紋針先生。

　　Office 小幫手的立意雖佳，但實務上的智慧功能性太差，幫助有限，故數年後微軟也廢除該功能，如今相同立意有更智慧的 AI 技術重新詮釋，或可改觀。

圖 32-1：昔日的軟體助理功能智慧性有限且不時干擾工作，如
　　　　　Office 小幫手。
資料來源：微軟

圖 32-2：AI 能讓語音操控互動的虛擬助理（Virtual Assistants）更加智慧
　　　　　化。
資料來源：Future of Work

▶33 門禁與工安

　　門禁與工安（工廠安全）主要是運用 AI 技術中的電腦視覺應用，常見的門禁是臉部識別，不過為了避免用照片頂替，通常會搭配其他識別，例如可以感應的識別證、虹膜、密碼等，總之不單純驗證一項識別要素，此在資訊安全領域稱為雙因子認證（2FA）、多因子認證（MFA）。或者是搭配紅外線影像感測，以掌握面部的冷熱溫度分佈來避免照片問題。

■導入 AI 可提升工地管控能力，保障勞工安全

　　在工廠安全方面，例如用 AI 識別各種物品物件，如工人進場是否配戴工地帽、工地反光背心？穿戴是否正確？是否走在工廠內規劃的動線範疇內以策安全，或者是用攝影機長期關注工廠屋頂排煙口，一旦煙過於濃密或出現火焰等反常狀況將立即警示，並在監視畫面上加以標註。

　　舉例而言，我國的台灣積體電路製造公司（簡稱台積電）、鴻海等知名製造型企業均有導入工廠廠區的 AI 安全識別，而導入臉部識別的企業更是多不勝數。且不僅是工廠廠區，很明顯的包含營建業的工地現場也適用。

　　進一步的，現在還能用 AI 識別出人的骨幹、四肢，從而追蹤與記錄肢體行動，以此研判其工作是否合乎工廠規範，而非因為作業員自身的危險動作才導致工安意外。類似的應用也用於教導瑜伽、深蹲，姿勢正確與否將給予提示與鼓勵。

圖 33-1：鑫蘊林科（Linker Vision）公司的智慧工安巡檢方案可標註現場
　　　　　工地景象。
資料來源：AI HUB

圖 33-2：AI 也可以即時偵測與標註人體姿態（Human Pose Detection）。
資料來源：NVIDIA

▶34 用於考古還原、用於外星人探索

許多人知道美國 SETI（Search for ExtraTerrestrial Intelligence）研究計畫，該計畫透過地面發射站向外太空打出電磁波，而後用地面接收站接收回波，並對回波信號進行分析，期望以此找到外星球的智慧生物。

■ AI 在多種研究領域都能發揮作用

該計畫執行過程中即引入 AI 技術，運用 AI 對回波信號進行分析，把人為的電磁回波信號先行濾除，以免干擾正常觀測，同時也用 AI 標示出異常的回波信號，以此提醒研究人員對該信號進行深入追蹤。

另外 AI 也能用於考古研究，對於已經損毀的文物或古文，可以運用 AI 技術嘗試恢復其文物原貌，或用來推算已經損毀段落的可能古文內容，以利進一步的考古研究。

考古與太空探索僅是舉例，概括而言，AI 可以用於各種科學研究領域，例如在生醫領域，可以用來發現新藥配方；在材料科學領域，可以用於發現穩定材料的晶體結構。

或者資訊安全（cyber security）防護上也需要對惡意程式（malware）進行研究，這需要運用上逆向工程（reverse engineering），過往資安專家以純人工方式進行逆向工程，如今也可以運用 AI 獲得若干加速；或者是用於物理研究上，如量子物理領域可以運用機器學習來加速量子化學計算。

總之，無論是理論科學、應用科學等研究，AI 在多種研究領域都能發揮作用，並持續嘗試新的運用。

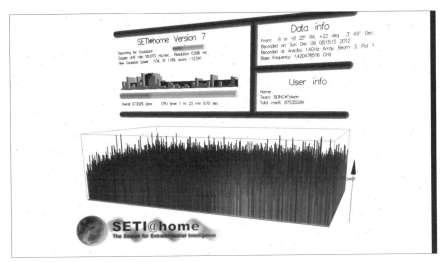

圖 34-1：SETI 計畫在回波信號的分析上使用 AI 技術。
資料來源：Extreme Tech

圖 34-2：在遺跡上空用無線射頻發波、接收回波，再運用 AI 技術進行識
　　　　別，標注出可能有古代陶瓷用品的位置。
資料來源：Encyclopedia

▶35 人工智慧協助程式開發、測試、運作

　　AI 是用程式開發出來的，但 AI 自身也能用於加速程式開發，且有多種方式加速開發。

■ 運用人工智慧撰寫程式不再是遙不可及

　　首先是今日多數的程式撰寫工具早具有智慧猜字能力，類似今日大眾使用的智慧型輸入法，可預先猜測與顯示可能想打的字詞，如此只要選擇即可，省去重複打字，進而加速。只是過往的智慧猜字多使用簡單的統計演算，而今使用更智慧性的 AI 技術，使預先猜測更為準確，如新創業者 tabnine，即提供 AI 技術的程式撰寫加速方案。

　　二是使用如 ChatGPT 的大型語言模型來自動生成一段程式碼，程式碼可能已大程度正確，程式設計師只要檢視與確認細部或修改細部即可使用。

　　三是程式撰寫完成後多需要進行測試，而 Google 表示使用大型語言模型可以對開放原始程式碼的軟體（Open Source Software, OSS）進行資安漏洞的模糊測試，為此提出 OSS-Fuzz，Google 宣稱已運用 OSS-Fuzz 找到 1,000 個以上的軟體漏洞，從而能對軟體漏洞進行修補。

　　另外較大型的程式開發也涉及到專案管理，AI 也能在專案管理中發揮作用，例如用來預測新專案的技術困難度、專案需要的時間與資源等。而程式開發完成後需要佈建（deploy）才能運作，AI 也能夠分析軟硬體組態搭配及運作日誌檔，從而預估錯誤發生的時間，以及預估錯誤需要多久時間能夠恢復。

歸結而言，AI 在程式開發、測試、運作上均有所幫助。

圖 35-1：用 AI 加速程式撰寫的軟體工具或服務稱為 AI Code Assistants，如
GitHub Copilot、tabnine、replit、codeium 等均是。
資料來源：codeium

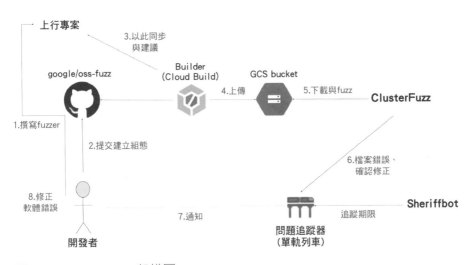

圖 35-2：OSS-Fuzz 架構圖。
資料來源：Google

▶36 公部門人工智慧便民服務

　　公部門運用 AI 的方式在技術本質上與一般企業營運活動無異，同樣能對開會內容進行自動摘要，同樣能對工作人員實現更逼近真人的祕書服務，但由於多數國家的公部門已給人程序過時、程序繁瑣的刻板印象，因此在運用 AI 的潛力上可能更勝一般企業。

■ 公部門運用 AI 不只改善作業效率、簡化流程，還能防疫、打擊犯罪

　　例如民眾到公部門辦理各項業務，或瀏覽公部門網站，經常有摸不著頭緒、鬼打牆的感受，而導入 AI 對話及指引，則能加速辦理程序，此外複雜的表單也能透過對話給予提示。

　　另外施政單位也可以透過 AI 分析廣大興情，從而瞭解民眾感受，而提出更適當的政策。或者有些國家的法律是以判決先例為原則，如此運用 AI 分析也可以獲得判決的參考建議，減少法官、陪審團的主觀情緒影響。

　　此外在疫情防治上，傳染病的地理擴散溯源及後續趨勢推測也能使用 AI，交通車潮預測也能使用 AI，治安方面也可預測犯罪率從而調整警力佈署等，都是 AI 在公部門可以發揮作用的地方。

　　同樣的，製造業用 AI 預測設備故障機率與時間點，公共建設的道路維護也可用 AI 預測而預先檢修補強，特別是近年來天坑問題頻繁，此運用更顯價值。

　　最後列舉實例，美國辛辛那提消防局（Cincinnati Fire Department）對來電的緊急呼叫用 AI 進行即時分析，分析所在位置、天候、描述內容等，從而決議出動的優先順序。

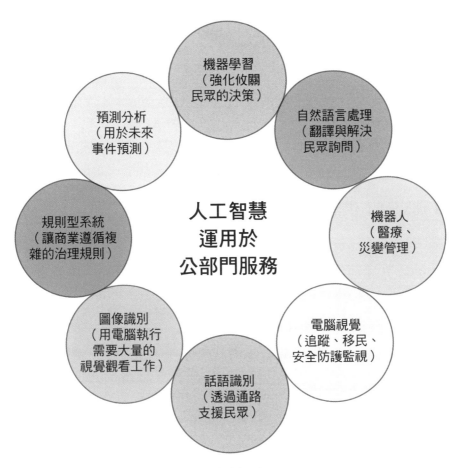

圖 36-1：AI 技術運用於公部門服務的類型。
資料來源：DZone

▶37 人工智慧出題、解題集散地

　　由於各行各業有太多問題可以運用 AI 來改善，但不是各行各業都能雇用專業的 AI 人才，而且有些企業的 AI 問題只是一次性的，只要找 AI 專家解一次即可，或久久更新一次，如此同樣沒有長期顧問的需求。

■ 建立 AI 供需媒合平台

　　因此，國內外開始有媒合 AI 解決方案供需雙方的網站，國外如 Kaggle，企業將想要用 AI 技術解決的問題上傳至網站，廣泛邀集各界 AI 專家（包含資料科學專家）幫忙解題，形同發起一場公開的 AI 解題競賽，最終最佳解題前幾組優勝者企業將給予專家報酬。

　　舉例而言，微軟（Microsoft）就曾在 Kaggle 上發起一次競賽，希望各界訓練一個 AI 模型，能夠精準分辨出各種惡意程式（Malware）的類型，以利微軟後續加強軟體的資安防護力，而前 5 名可以獲得 1,000 美元至 15,000 美元不等的獎金。

　　而國內方面也有經濟部技術處以科技專案方式支持，委由工研院打造的 AIdea 網站，一樣是「業界提交問題、各界解題，最終優勝者獲得報酬」的模式，目前已有各種問題上架，如華新麗華發起「鎳原料價格預測」的解題需求、台灣大車隊則發起「載客熱點預測」的解題需求。

　　或者醫療業有台北醫學大學發起「國人就醫的共病案例數預測」，非營利機構的台中市家庭暴力與性侵害防治中心也提出「長期安置機構類別預測」等，以此種模式補足 AI 需求的最後一哩。

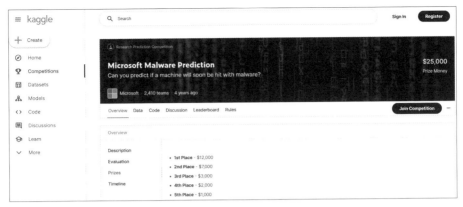

圖 37-1：微軟曾在 Kaggle 網站上發起惡意程式類型預測的資料科學競賽。
資料來源：Kaggle 官網

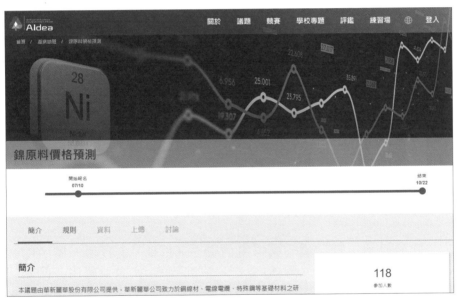

圖 37-2：華新麗華在 AIdea 網站發起鎳原料價格預測的 AI 解題競賽。
資料來源：AIdea 官網

▶38 創新的非營利、公益應用

　　AI 應用不一定是現有工作的分憂解勞（例如運用 AI 對農作物進行分類、對生產品瑕疵進行檢測，減少或取代傳統人工分類與檢測），也不一定是商務營利性應用，可以是過往沒有的創新性應用，或者是非營利的公益應用。

■ 利用 AI 創造共益時代

　　舉例而言，已有人提出在森林裡除了埋設溫度感測器，以偵測預警可能的森林大火外，也可以加裝麥克風之類的聲音感測器，並在感測器內加入 AI 功能，能在各種森林背景聲中，運用 AI 智慧能力研判出電鋸聲，從而預警有人正在保護區濫墾濫伐、盜採林木。

　　另外，由於近年來許多國家陸續發生公眾槍擊案，美國已開始在公眾場所裝設麥克風，從眾多吵雜的街頭聲音中，運用 AI 智慧辨識出槍聲，從而儘快聯繫警方到場關切，避免事故擴大或延誤。

　　或者在 2020 年初 COVID-19 疫情高峰期間，義大利醫院運用 AI 技術判定新冠患者的嚴重程度，低度回家自行照顧，中度居家但有遠距醫療監督病況，重度則立即住院，透過判定降低了 27%住院率，避免醫療能量崩潰。

　　類似於此，聯合國的國際電信聯盟（ITU）也發起一項 AI for Good 的倡議行動，透過行動分享交流創新的 AI 公益應用，例如如何運用 AI 促進全體人類健康、縮小城鄉落差等，使全球朝正向、永續方向發展推進。

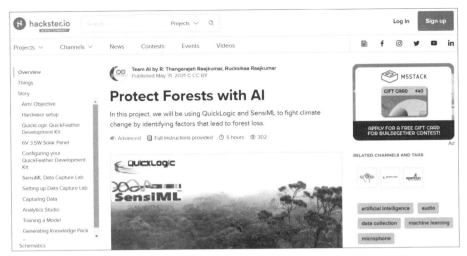

圖 38-1：AI 創意競賽上「用 AI 監聽森林電鋸聲以預警盜採林木」的提案獲得
　　　　優勝。
資料來源：hackster.io

圖 38-2：AI for Good 官網
資料來源：AI for Good

▶39 更多嘗試的應用

　　AI 技術還有許多應用可以嘗試，前述僅可說是鳳毛麟角，在此可以舉更多的例子，例如行動貝果（MoBagel）公司即運用其自動化機器學習平台「Decanter AI」，示範用其進行企業員工離職率的預測。員工離職的變因可能有年紀、職級、是否需要出差旅行、跟隨現有主管的年資等二十多項，分析後從而進行預防與修補強化，以降低員工離職對企業的風險衝擊。

■ AI 應用無遠弗屆，無所不能

　　或如鼎恒數位科技（MAYO）在其人力資源管理系統（HRMS）產品線中衍生開發「Lasso 錄影面試與測評系統」，對面試者的話語音量、速度、表情等進行 AI 分析，從而提供初步的性格性向研判，搭配面試官過往的經驗實務，最終確定該員是否適合目前的職缺工作，或有更適合的職缺位置。

　　另外國外新創業者如 EverestLabs、AMP Robotics 等，運用 AI 識別垃圾廢棄物，從而驅動大型機器手臂進行精準分類回收。其他也有業者用來分析考場影像，以預先標記可能的作弊者，或在數位學習中用攝影機追蹤學習者眼球方向與表情，瞭解其學習效果或是否分神，從而給予提醒，或動態安排其學習路徑。

　　或者已有大程度用 AI 實現的影視創作，如國外製作人 Nicolas Neubert 運用 AI 工具 Midjourney 處理圖像、用 Runway 處理影片、用 Pixabay 處理音樂、用 CapCut 剪輯影片等，進而完成一部科幻電影《創世紀（GENESIS）》。總之，有太多的 AI 新應用值得去挖掘嘗試。

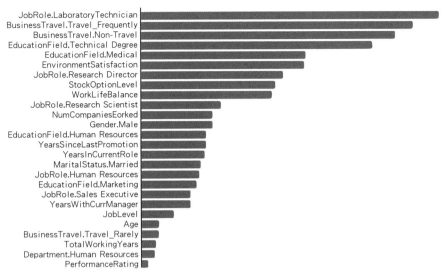

圖 39-1：行動貝果公司運用其平台產品 Decanter AI 來分析企業員工離職的原因。
資料來源：行動貝果官網

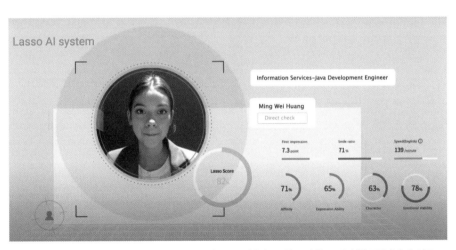

圖 39-2：鼎恒數位科技的 Lasso 錄影面試與測評系統可以從面試者話語、表情分析其性格、性向或情緒穩定性。
資料來源：鼎恒數位科技官網

▶40 駭客也愛用人工智慧

前面均為 AI 的良善應用，但工具無善惡之別，端看使用者心態，AI 工具在不懷好意的人手上，就會產生惡用。

■ AI 也可成為詐騙工具

知名的惡用如深偽（Deepfake，取自人工智慧的深度學習（Deep Learning）與偽造（Fake）兩字而成）的 AI 技術，可以在若干影音取樣後就開始仿造出他人的聲音影像，以此進行各種商業詐騙，使原本已高度猖獗的詐騙變成更高明高竿、更難以識破辨別。

或者，有電腦駭客（Hacker）透過管道購買已外洩的帳號密碼，雖然原帳號主已修改了密碼，外洩的密碼已不再有效，但駭客運用 AI 對過期密碼進行分析，分析出用戶變更密碼的潛在脈絡規則，進而預測後續可能使用的幾組新密碼，如此就能夠比單純瞎猜更快猜中新的適用密碼。

或者運用類似 ChatGPT 等工具（WormGPT、FraudGPT），能夠用更口語化的方式生成釣魚信件（phishing letter），收信者上鉤的機會更大。事實上對於詐騙信的偵測、垃圾信的阻擋（SPAM）等也積極運用 AI 技術來強化，如此看來等於是雙方鬥法，一方用 AI 阻擋過濾，另一方用 AI 強化入侵成功率。

當然！不是只有 AI 這項新技術會被惡用，其他的新式資通訊技術或任何新科技都可能被惡用，例如無人機能快速將毒蛇血清送上山，拯救被毒蛇咬傷的登山者；但也有毒販用無人機運送毒品。重申最前所言：工具無對錯，端看運用者心態。

圖 40-1：Deepfake 可輕易換替他人的面孔，幾可亂真。
資料來源：Deepfake 官網

圖 40-2：國外網站駭客新聞於 2023 年 7 月報導 FraudGPT 的 AI 工具出現。
資料來源：Hacker News 官網

▶41 人工智慧硬體加速晶片

由於現行中央處理器（CPU）晶片無法快速運算 AI，故需要新晶片以加速執行 AI，英文多稱為 AI 加速器（Accelerator），新晶片即為 AI 產業的一大商機所在。

新晶片有些是 100%全新設計，有些則是從現行其他類型晶片中修改而來，可能是硬體電路層面的修改，也可能是修改晶片搭配的韌體、軟體而來。

舉例而言，知名的輝達（NVIDIA）其實是對原有的繪圖處理器（GPU）晶片進行電路修改，並為其發展新的搭配軟體，以此形成該公司的 AI 加速晶片；或如賽靈思（Xilinx，2020 年由超微 AMD 收購）是對其現場可程式化邏輯閘陣列（FPGA）晶片進行調整，以此形成該公司的 AI 加速晶片，而新創晶片商則可能全然針對 AI 加速需要從無到有開發 AI 加速晶片，如英國 Graphcore 即以此推出其 AI 加速晶片 Bow IPU（Intelligence Processing Unit）。

■ 仍自主品牌與銷售通路

晶片商除了自主設計（或至少高度主導）開發晶片電路外，自身可能有晶圓廠可以生產晶片，也可能是委託晶圓代工廠（如台積電）代為生產晶片，以及同樣委託他廠（如日月光）代為封裝測試晶片。但在晶片生產外的晶片品牌、晶片銷售上仍是完全自主，必須自己推廣晶片，自己去向板卡商、系統商兜售晶片，或將晶片交由通路商代為推廣銷售等。

表 41-1：AI 加速器晶片實現方式整理表

	從無到有重新設計	現行晶片修改設計
業者通常背景	新創晶片商	傳統晶片大廠
舉例	・英國Graphcore的BowIPU晶片 ・美國Cerebras的WSE系列晶片	・美國NVIDIA自原有GPGPU修改出 Tesla系列 ・美國AMD／Xilinx自FPGA修改出 Versal系列

資料來源：作者提供

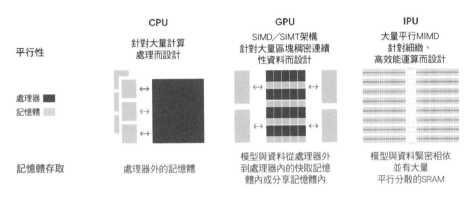

圖 41-1：Graphcore 強調其 IPU 晶片相較於 CPU、GPU 有更高的平行處理
能力，使 AI 運算更有效率。
資料來源：Graphcore

▶42 電子設計自動化軟體商

　　做個狗屋都需要鋸子、鐵鎚，設計個晶片當然也要設計工具，工具其實是電腦軟體，電路設計師透過軟體操作來設計晶片，這類型的軟體統稱為電子設計自動化（Electronic Design Automation, EDA）。

　　EDA 軟體經多年發展已呈現三大主佔商，即新思科技（Synopsys，NASDAQ：SNPS）、益華電腦（Cadence，NASDAQ：CDNS）、西門子（Siemens，前身主體為明導國際（Mentor Graphics）），當然也可能有新的 EDA 軟體商進入市場，但後續發展不是被三大收購，就是持續利基（niche）發展。

　　EDA 軟體商等於是這波 AI 掏金熱中的側面受惠者，掏金者不一定掏得到金，但在掏金區賣水給前來掏金者的小販反而致富。而且，EDA 軟體通常已從授權賣斷轉變為長期訂閱租用，收益更加細水長流。

■ 中美貿易戰為其發展隱憂

　　現有三大 EDA 軟體商多為美國業者或曾為美國業者（如明導國際），美國為了抑制中國大陸發展半導體業，已於 2022 年 8 月對 EDA 軟體下達禁令[1]，偏偏近年來晶片設計業最蓬勃發展的區域正是中國大陸，故 EDA 業者雖有 AI 熱潮紅利，但禁令也多少帶來衝擊，使紅利產生折扣。

　　有意思的是，EDA 軟體本身也開始引入 AI／ML 技術，如此可以加速晶片設計，且三大主佔商均已引入。

註 1：https://buzzorange.com/techorange/2022/08/25/what-is-eda/

圖 42-1：Synopsys 強調在 EDA 軟體內引入 AI／ML 技術後，在設計資料中
心用的處理器可以多 100MHz 時脈、3 倍的設計團隊產能等。
資料來源：Synopsys

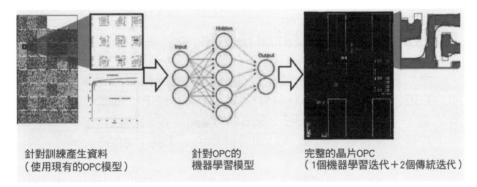

圖 42-2：西門子強調在晶片的光學鄰近校正（Optical Proximity Correction,
OPC）上可以使用 ML 技術。
資料來源：Siemens EDA

▶43 晶片設計服務商

由於晶片電路日益複雜，已經很難有晶片商在新晶片上採行從無到有 100%全程自主設計，而是向其他業者購買部分的現成電路，將電路放入自有晶片內，其餘部分（通常是自身技術含量、技術優勢的部分）再自行設計，以加快晶片開發速度，以免錯失市場先機。

另外，即便是晶片商對原有晶片改版升級，同樣以 Time-to-Market 為著眼，也是會考慮把次要的電路設計委給外部設計服務商，自身團隊更專注於重要設計。

■ 東亞旺盛的晶片設計服務動能

這類設計服務業者，國內最知名的莫過於創意電子（台積電集團，TSE：3443）、智原科技（聯電集團，TSE：3035），其次為世芯電子（世芯-KY，TSE：3661，偏晶片後段的設計）、擎亞電子（背景為三星電子台灣分公司設計中心，TSE：8096）。

由於中國大陸半導體設計領域的崛起，有若干晶片設計服務商也開始展露，例如芯原微電子（VeriSilicon，688521.SH），或有軟體銀行（SoftBank）支持的南韓新創業者 SemiFive 也提供晶片設計服務。

晶片設計服務商與 EDA 業者類似，為這波 AI 熱潮中的側面受益，因為晶片服務商是承接客戶上門託付的設計工作，自身沒有晶片產品、晶片庫存、晶片品牌、晶片通路，風險相對小很多。不過各設計服務商也有不同的專長領域，並非所有委託均能勝任。

圖 43-1：創意電子官方網站。
資料來源：創意電子

圖 43-2：智原科技官方網站。
資料來源：智原科技

▶44 晶圓代工廠

　　晶片設計完成後就需要投入生產（簡稱投產），但生產晶片的廠房其設備、產線造價昂貴，且需要投入研究發展（Research & Development, R&D，簡稱研發）經費，以便提升自家製造程序（Process，簡稱製程）的技術能力，各項成本攀升的結果，有越來越多晶片商捨棄自有晶片製造廠，或成立之初就確立不擁有自己的製造廠。

■ 主要的晶圓代工廠

　　相對於此，有專門只營運晶片製造的業者，接受晶片商的委託代為生產晶片，晶片生產完後交付給原委託客戶，且保證不開發自有晶片與客戶競爭，也保證不洩露晶片商的晶片設計內容等商業機密，只專注於提升自有晶片生產製造能力與產能，專注於代生產晶片，稱為晶圓代工廠，英文一般稱 Foundry。

　　大名鼎鼎的晶圓代工廠莫過於台灣積體電路公司（簡稱台積電，TSE：2330），根據國際商業數據（IDC）公司 2023 年 6 月的公開發布，台積電佔全球代工業務的 55%市佔率，次之為南韓三星的代工業務 16%，再次之為我國聯華電子（簡稱聯電，TSE：2303）。

　　其他則為美國格羅方德（GlobalFoundries Inc.，NASDAQ GFS）約 5.9%，中國大陸的中芯國際（SMIC，HKG 0981）則為 5.3%。至於第六名至第十名間共計 7.1%，十名之外的共計約 3.4%。

2022年全球前10大晶圓代工廠市佔率

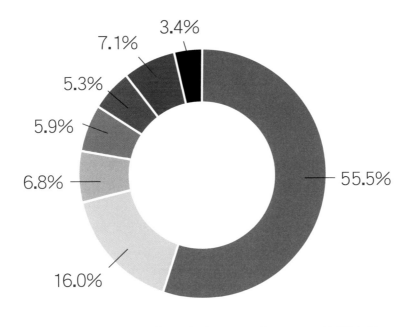

- 3.4%
- 7.1%
- 5.3%
- 5.9%
- 6.8%
- 16.0%
- 55.5%

■ 台積電　　■ 三星代工業務　　■ 聯電　　■ 格羅方德

■ 中芯國際　■ 前6到前10名　　■ 其他

圖 44-1：IDC 於 2023 年 6 月公布 2022 年全球晶圓代工業務市佔率。
資料來源：IDC

▶45 封裝測試代工廠

在晶片的上頭，其實是大量但精密微小的電路，一般環境下，灰塵就足以弄壞電路，因此需要將其封裝（Package，或稱構裝）起來，只露出接腳來使用。尚未封裝起來的晶片，也就相對稱為裸晶（die）。

不過，晶片可能在生產過程中就已經製造失敗，故在封裝前就會對其進行測試，測試正常才對其進行封裝。而封裝的過程也可能弄壞晶片，故封裝完也會進行測試，確定封裝後測試仍是正常，才能讓晶片出貨銷售。

■ 封測業務開始模糊化

晶片的封裝測試也如同前述的晶圓代工一樣，已成為一門專門的代工生意。過去封裝測試（合稱或簡稱封測）是高固定成本（需要廠房與設備）、高勞力密集取向的產業，故晶圓代工廠無意自主，生產完高附加價值的晶片後，將封測工作交由他廠承接，屬於更下游。

然而，隨著晶片製程提升，需要的封裝技術難度也提高，加上摩爾定律（Moore's Law，為半導體產業的一項經驗法則，即每 18～24 個月相同電路面積內可以多一倍的電晶體數目）逐漸鈍化，晶圓廠為了讓摩爾定律持續適用，強化了在單一封裝內連接、疊放多個裸晶的封裝技術，故晶圓廠也逐漸跨入封裝領域，但以高階封裝為主，知名的先進封裝技術如 CoWoS（Chip-on-Wafer 與 Wafer-on-Substrate），此將於後詳述。

表 45-1：台灣封裝測試代工概念股，依股票代號排序

股票代號	簡稱／簡述	股票代號	簡稱／簡述
1410	南染／南洋染整，2022年 8 月退出紡織染整事業轉型聚焦封測、不動產租賃	6271	同欣電／同欣電子
2329	華泰／華泰電子	6147	頎邦／頎邦科技
2369	菱生／菱生精密工業	8110	華東／華東科技
2441	超豐／超豐電子	8131	福懋科／福懋科技
3265	台星科／台星科企業	8150	南茂／南茂科技
3372	典範／台灣典範半導體	ASX	日月光控股（ASE Technology Holdings）
3374	精材／精材科技	AMKR	艾克爾國際科技（Amkor Technology, Inc.）
3711	日月光投控／日月光投資控股	FORM	福達電子（FormFactor Inc.）
6239	力成／力成科技	POET	POET Technologies Inc.

資料來源：Yahoo 股市

▶46 晶片載板商

　　隨半導體製程技術不斷精進，晶片的用電越來越多，發熱也越來越燙，接腳數目也不斷增加，傳統晶片封裝手法逐漸不堪使用，晶片開始改採新的封裝手法，將生產完成的晶片倒過來放，再加以封裝，稱為覆晶（Flip Chip, FC）封裝。

　　封裝方式的改變需要搭配過去所沒有的晶片載板才能完成封裝，載板對今日高階晶片幾乎已是必備。載板雖類似印刷電路板（Printed Circuit Board, PCB），但卻與晶片構裝成一體，因此晶片封裝測試業者以及印刷電路板業者均有投入發展。

　　載板技術也在提升，現行一般晶片載板的材料為樹脂、玻璃纖維紗（簡稱玻纖紗），稱為 BT（Bismaleimide Triacine）載板；另一種適合高階晶片、高頻信號的則稱為 ABF（Ajinomoto Build-up Film）載板，材料為味之素（Ajinomoto，即食品味精的原發明商）特有的積層膜。

■ ABF 載板主要業者

　　根據觀察，目前投資 ABF 載板研發與生產多為東亞業者，包含日本、南韓、台灣，日本如挹斐電（Ibiden Co.,Ltd.，4062.T）、新光電氣工業（Shinko Electric Ind. Co., Ltd.，6967T）。

　　南韓如三星；台灣則為欣興（ＴＳＥ：３０３７）、南電（ＴＳＥ：8046）、景碩（ＴＳＥ：3189），俗稱 ABF 三雄；另外還有奧地利的奧特斯（Austria Technologie & Systemtechnik Aktiengesellschaft, AT&S，維也納股市代號 ATS）等。

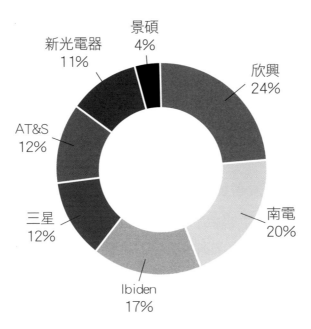

圖 46-1：全球 ABF 載板主要業者市場佔比。
資料來源：CMoney

▶47 矽智財供應商

設計完成的電路是工程師的心血結晶，即智慧財產權（Intellectual Property, IP），簡稱矽智財，除非放棄權利，否則不得隨意複製抄襲。

■ 許多半導體業者也兼售矽智財

由於晶片電路日益龐大，設計過程中若有部分已事先設計好、可直接沿用的功能電路，則可以加速整體晶片的設計開發速度，讓晶片儘快面市，而半導體業界即有專注於設計與銷售功能電路的業者，稱為矽智財供應商（IP Provider）。

矽智財通常取得技術文件即要支付一筆費用，之後晶片量產也會在每顆晶片上抽取權利金，然實務上仍可由供需雙方彈性議定。矽智財又分軟式（Soft IP）、硬式（Hard IP）兩種授權，前者仍允許用戶變更邏輯設計，較具彈性，後者則直接取得製程的成形電路，無修改彈性。

軟式因可得知電路設計精神，供應商通常不輕易銷售，須為重要夥伴或天價方可能銷售。一般銷售是硬式，且硬式完成度高，比軟式更具整體晶片設計的加速效果。

值得注意的是，只要涉及電路設計的業者也多兼有銷售 IP，如前述的 EDA 商、設計服務商，甚至是晶片公司，也會把較過時或不再重視的電路拿出來賣，或晶圓廠也提供投產晶片客戶基本的功能電路等，並非只有矽智財供應商在銷售。

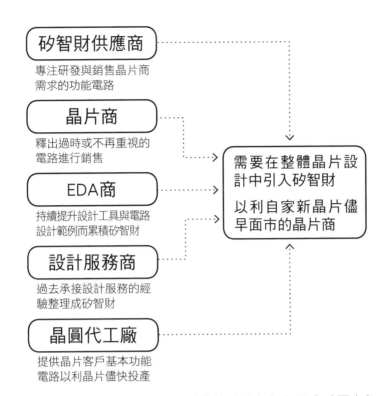

圖 47-1：半導體產業中矽智財供給（圖左）與需求（圖右）
　　　　關係對應。
資料來源：作者提供

▶48 人工智慧晶片供應鏈簡要總結

在此以一步步方式引導回顧前述，圖 48-1 中實線為必要或幾乎必要，虛線為選擇性：

1. 晶片商需要設計工具，須向 EDA 軟體商購買或訂閱晶片開發工具軟體。

2. 晶片商視自身技術能力、上市急迫性等，可能向矽智財供應商購買部分電路。前面提及不僅矽智財供應商，其他產業角色也能提供矽智財，但在此暫且簡化。

3. 晶片商同樣衡量自身能力、急迫性等，可能委託設計服務商代為設計部分電路。

4. 設計完成後晶片商取回電路，整合至自有晶片中，持續進行設計。

5. 晶片設計完投片給晶片製造代工商，在此假設一次就投片成功不用修改，實務上可能修 0～2 次。

6. 晶片生產完成，交由代工商進行封裝、測試。

7. 高階晶片幾乎都會用到載板，在此以實線表示。

8. 封裝測試完，交付晶片成品給晶片商。

9. 晶片商經營自有品牌通路，向晶片需求者（如板卡製造商、系統製造商）兜售晶片。

10. 對於太細散的需求、臨時需求、新市場等，晶片商交由通路商負責銷售、供貨。

11. 晶片通路商與晶片原廠協議，哪些晶片產品或客戶由通路商負責，哪些歸原廠。

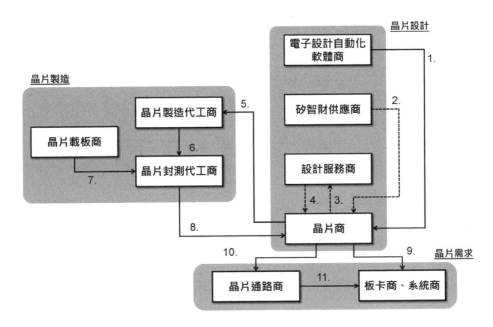

圖 48-1：人工智慧晶片供應鏈簡要整理。
資料來源：作者提供

註1：諸多歐美日晶片大廠除有自主的晶片設計外，也有自己的晶片製造，俗稱整合裝置製造商（IDM），如此就不需委外製造、封測。

註2：晶片製造上也需要光刻機設備、矽晶圓片、化學原料等，封測也除了載板外，還有其他設備、原料需求，然在此難以敘述全部細節，載板因話題性而特別談論，否則應與其他製造上游設備、材料商同論。

註3：有些晶片商僅銷售搭載自家晶片的板卡而非單獨銷售晶片，或兩者兼具，或僅銷售晶片，官方板卡則委託板卡代工商代為生產。

▶49 一般用途型繪圖處理器

　　晶片是近年來 AI 熱潮的一大重點，故會進行更多解說。前面已提過 AI 硬體加速晶片有部分來自其他類型晶片的修改，最知名的輝達（NVIDIA），即是從自家原有的一般用途型繪圖處理器修改而來。

　　早在 1999 年以前，個人電腦與工作站即配有視訊顯示功能用的晶片，但 NVIDIA 不斷強化此類型晶片的 3D 繪圖功能，至 1999 年已在該類型晶片市場獲得主導地位，並將 GeForce 系列晶片稱為繪圖處理器（Graphics Processing Unit, GPU），好與英特爾（Intel）的中央處理器（Central Processing Unit, CPU）互別苗頭。

　　GPU 只用於 3D 遊戲與專業設計繪圖（如建築繪圖、產品設計繪圖等）領域，屬專屬（dedicated purpose）領域之用。ATI（已屬 AMD）與 NVIDIA 等主要 GPU 晶片商為了增加 GPU 潛在的銷售機會，提出一般用途（general purpose，或稱廣泛、通用用途）的主張，為 GPU 提供更多配套軟體，使 GPU 可用於財務預測、科學研究等更多領域。

■CUDA 使 NVIDIA GPGPU 在 AI 領域大殺四方

　　2007 年 NVIDIA 為其 GPGPU 提出配套的開發軟體 CUDA（Compute Unified Device Architecture），AI 程式設計師可以透過 CUDA 快速運用 NVIDIA 的 GPGPU 來加速訓練、推論其 AI 模型，從而逐漸取得今日 AI 硬體加速晶片的主導地位。至今其他 AI 硬體加速晶片商均在追趕，也同樣致力於配套軟體的發展。

2020 年 NVIDIA 的 AI 加速晶片已從 Tesla 系列改成 Tensor 核心 GPU 系列（易與 Tesla 電動車混淆），除 NVIDIA 外，還有 Intel、超微（AMD），亦有 GPGPU 可用於 AI 加速。

CGA到Super VGA等一連串演進繪圖晶片	Windows加速晶片	3D遊戲/專業繪圖晶片	繪圖處理器	一般用途型繪圖處理器	人工智慧硬體加速器
約始於1981年	約始於1990年	約始於1995年	約始於1999年	約始於2005年	約始於2007年

圖 49-1：繪圖處理器一路演進成 AI 硬體加速器。
資料來源：作者提供

表 49-1：業界主要 AI 加速用 GPGPU 整理表

晶片商(股市代號)	用於AI加速的GPGPU	銷售型態
NVUDIA (NASDAQ：NVDA)	Tesla系列(昔稱) Tensor核心GPU系列	加速卡、 模組子卡
AMD (NASDAQ：AMD)	FirePro系列(昔稱) Instinct系列	
Intel(NASDAQ：INTC)	Data Center GPU系列	

資料來源：作者提供

▶50 現場可程式化邏輯閘陣列晶片

除了 GPGPU 外，另一個從原有晶片修改而來，而能成為 AI 加速晶片的是現場可程式化邏輯閘陣列（Field-Programmable Gate Array, FPGA）晶片。

FPGA 晶片長年有兩大主佔晶片商，分別是 Altera 與賽靈思（Xilinx，昔稱智霖），國外文章甚至以 FPGA 界的可口可樂、百事可樂來形容這兩家業者。不過，之後兩業者先後被購併，2015 年 Intel 購併 Altera，2022 年 AMD 購併 Xilinx。

近年來 Xilinx 運用其 FPGA 技術開發出名為 Versal 的 AI 加速晶片，或以該晶片為主構成 Alveo 的 AI 加速卡，Intel Altera 也將原有的 Stratix 系列、Arria 系列 FPGA 晶片用在 AI 加速市場，以及推出 Intel FPGA AI Suite 等軟體來加速 AI 程式師運用其 FPGA 晶片。

■ 更多 FPGA 晶片商

雖說是百事可樂、可口可樂等級的主佔，但還是有其他 FPGA 晶片商投入 AI 加速晶片戰局，例如 Microchip 公司有 PolarFire 系列 FPGA 相關晶片、QuickLogic 公司有 PolarPro 系列，另有些新創業者是以矽智財方式提供而非完整晶片。

要注意的是，FPGA 晶片因電路特性（可程式化的設計）只適合用於 AI 推論而非訓練，但 GPGPU 晶片修改成的 AI 加速晶片，有的是訓練、推論均可，有的也是專精於推論。

另外，FPGA 晶片也因電路特性比較耗電，故以雲端（Cloud）資料中心運用為多，但也逐漸可以在邊緣（Edge）端運用，目前尚少用於 TinyML 領域。

表 50-1：FPGA AI 加速方案業界列表

晶片商	用於AI加速的晶片系列	供貨型式
AMD Xilinx（NASDAQ：AMD）	Versal Alveo	晶片 介面卡
Intel Altera（NASDAQ：INTC）	Stratix Arria	晶片 介面卡
Achronix	Speedcore Embedded FPGA IP Speedster7t FPGA VectorPath Accelerator Card	矽智財 晶片 介面卡
Lattice Semiconductor （NASDAQ：LSCC）	CrossLink CrossLink-NX iCE40 UltraPlus MachXO	晶片
QuickLogic（NASDAQ：QUIK）	eFPGA IP PolarPro	矽智財 晶片
Microchip（NASDAQ：MCHP）	PolarFire	晶片
GOWIN	Arm DesignStart FPGA Program GW1Nxx	矽智財 晶片
Flex Logix	EFLX eFPGA InferX DSP InferX AI	矽智財

資料來源：作者提供

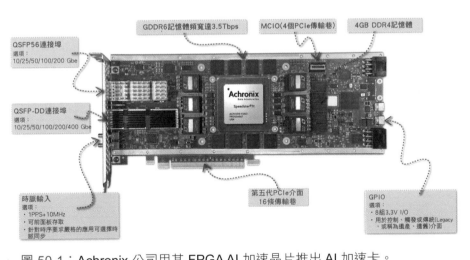

圖 50-1：Achronix 公司用其 FPGA AI 加速晶片推出 AI 加速卡。
資料來源：Achronix

▶51 特定應用晶片

有用 GPGPU、FPGA 晶片修改來的 AI 加速晶片，也就有一起頭就為 AI 加速而設計的晶片，針對某一應用高度特定性而開發設計的晶片，一般稱為 ASIC（Application Specific Integrated Circuit），或稱專屬晶片。

ASIC 的好處是完全針對 AI 加速而設計，可以很嬌小、很省電、很快速，但缺點是 AI 軟體一旦有較大程度的改變，ASIC 的適用性就會大減或完全失效。ASIC 晶片可以針對各種應用場合而設計，有雲端訓練用、雲端推論用、雲端訓練與推論合一，或是邊緣推論、微小裝置內的推論（即前述的 TinyML）等。

■ 百家爭鳴的 AI ASIC

針對 AI 而原生開發的專屬晶片太多，無法盡數，知名的如 Google 只在自家機房內使用自主設計的 Cloud TPU 晶片，或向台灣工控電腦界推行邊緣推論用的 Edge TPU 晶片；或如 Intel 購併以色列 Habana Labs，取得雲端訓練用的 Gaudi 晶片及雲端推論用的 Goya 晶片。

或者高通（Qualcomm）的 Cloud AI 100，屬雲端推論用晶片；新創商創鑫智慧（Neuchips）的 RecAccel 也屬雲端推論晶片；或高度台灣背景的耐能智慧（Kneron）的 KL 系列則屬邊緣推論晶片。

雖然 AI ASIC 新創晶片商太多，無法盡數，但多數來自三大晶片設計重鎮：美國矽谷、台灣新竹、中國大陸，若干來自重視創新的以色列，以及網路大廠的自主研發，如前述的 Google。另外，亞馬遜網路服務（AWS）、臉書（Facebook）等也相繼投入。

表 51-1：新創 ASIC AI 晶片商部分列舉表（依英文字母排序）

#	公司名稱	國家	附註
1	Ambient Scientific Inc.	美國	
2	Anari AI	塞爾維亞	
3	Axelera AI	荷蘭	
4	Axiado Corp.	美國	
5	Boulder AI	美國	
6	BrainChip, Inc.	美國	
7	Cambricon Technologie／寒武紀科技	中國大陸	上海股市688256
8	Celestial AI	美國	
9	Cerebras Systems Inc.	美國	
10	Cortical Labs Pte Ltd	新加坡	
11	EdgeQ	美國	Qualcomm前執行長創立
12	EnCharge AI	美國	
13	Esperanto Tech	美國	
14	eYs3D Microelectronics, Co.／鈺立微電子	台灣	
15	Flex Logic	美國	
16	Graphcore Limited	英國	Dell、Microsoft投資
17	Hailo Technologies Ltd.	以色列	
18	Kinara	美國	WD投資、慧榮投資
19	Kneron／耐能智慧	美國	光寶、旺宏、華邦、鴻海、中華開發、奇景、Qualcomm投資
20	LeapMind Inc.	日本	
21	Lightmatter	美國	
22	Luminous Computing, Inc.	美國	
23	Moffett AI	美國	
24	Mythic, Inc.	美國	
25	NeuReality	以色列	
26	Prophesee	法國	
27	Rain Neuromorphics	美國	
28	Rebellions Inc.	南韓	
29	SambaNova Systems, Inc.	美國	Intel、Google投資
30	SiMa Technologies, Inc.	美國	
31	Syntiant Corp.	美國	Microsoft、Intel投資
32	Tenstorrent Inc.	加拿大	業界資深人士Jim Keller為技術長

資料來源：作者提供

▶52 人工智慧新晶片積極搶市的四大契機

至 2023 年為止，AI 加速晶片大體由 NVIDIA 所主佔，即便強如 AMD、Intel 亦居於下風，如此就算有眾多新舊晶片商進場角逐，令人擔憂是否還有空間與機會？對此答案是肯定的。

■ AI 軟硬體均持續革新

首先是 AI 運算需求還在成長，市場造餅力量大，NVIDIA 估計難以顧及全面需求，例如 NVIDIA 晶片向來的特質是優先追求效能，次之考慮節制功耗，故在高度要求節能的 TinyML 領域尚無合適的晶片。在整體 AI 市場尚未進入成長趨緩、業者相互推擠分餅前，各晶片商仍會積極投入。

其次是 NVIDIA 是以 GPGPU 為基礎衍生發展而來，電路設計上仍帶有高度 GPGPU 影子，新創業者則無此顧慮，可全心全新發展 AI 加速最佳化的電路晶片。

三是 AI 演算法還在積極變化演進革新，一旦有大幅改變，則現行晶片所建立的優勢有可能大打折扣，而成為其他晶片商爭取的機會；四是確實還有許多電子工程技術可以讓 AI 大幅加速，甚至在加速的同時還能大幅減少功耗，如此將威脅 NVIDIA，這些工程技術包含設計面或製造面。

舉例而言，Mythic、Syntiant 等新創業者是運用記憶體內處理器（Processor-in-Memory, PIM）的電路設計手法來實現更高 AI 效能卻更低功耗；Lightmatter、Celestial AI 則是在晶片內運用矽光子（Silicon Photonic）、微機電系統（Micro Electro Mechanical Systems, MEMS）等半導體製程技術來達到更快速省電的 AI 加速。

表 52-1：新舊晶片商積極用各種新設計、製造技術期達到更佳的 AI 加速

技術概念與取向	投入該技術研發的科技業者
記憶體內處理器 (Processor-in-Memory, PIM)	Mythic Syntiant Renesas（TSE：6723） IBM RPU（研究）
矽光子 (Silicon Photonic)	Lightmatter Celestial AI 曦智科技（Lightelligence，中國大陸） Xanadu AI
仿大腦神經 (Neuromorphic)	Intel Loihi（研究） IBM TruthNorth（研究） Qualcomm Zeroth（研究）
可重新組態架構 (CoarseGrained Reconfigurable Architecture, CGRA)	雲飛勵天（Intellifusion） 清微智能（Tsing Micro） 耐能智慧（Kneron）

資料來源：作者提供

▶53 追加指令集的中央處理器

　　由於中央處理器（Central Processing Unit, CPU）本質上是針對多樣、複雜的運算需求而設計，並不適合呆板、大量平行處理的運算，而繪圖處理器（GPU）因為屬性上偏向後者，AI 運算的特性也偏向後者，故 GPU 只要進行些許修改，就能為 AI 運算帶來加速，反之 CPU 則困難。

　　即便如此，CPU 業者依然努力為 CPU 晶片增加新功能，使其能在 AI 運算上帶來加速效果。所謂增加新功能即是為 CPU 增加若干新指令，若干指令合稱指令集（Instruction Set）。

■ AMD、Intel 指令追加戰、追逐戰

　　首先 2009 年超微（AMD）為其 x86 CPU 晶片加入 XOP 指令，2011 年加入 FMA4 指令（之後移除），均有助於 AI 運算加速；而在 2017 年 Intel 也加入 AVX-512 指令，2019 年在 AVX-512 中追加 Deep Learning Boost（簡稱 DL Boost）指令集等，也有助於提升 AI 運算；更後續，Intel 在 2022 年提出 AMX 指令集、2023 年提出 AVX10 指令集，一樣有助於 AI 運算。

　　雖然 CPU 加入一些對 AI 運算具加速作用的指令，但仍無法與 AI 硬體加速晶片的效果相比，Intel、AMD 仍針對 AI 加速提出對應的其他晶片，包含 GPGPU、FPGA、ASIC 等，CPU 僅在此三者均缺乏下時使用，或僅為輕量、少量的 AI 運算需求時使用。

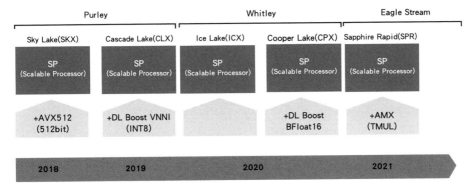

圖 53-1：Intel 幾乎逐年在其 Xeon Scalable Processor（簡稱 SP）系列處理
器上加入具 AI 加速能力的新指令。
資料來源：Intel

▶54 可兜售的人工智慧加速電路

前面提過並非所有業者都要設計、生產、銷售完整的晶片，也可以只設計、驗證某一功能的電路管用後只銷售該電路。

舉例而言，Arm 公司（NASDAQ：ARM）就提出 Ethos 系列（如 Ethos-U55、U65、N78 等）的電路，購買與採用該電路的業者，將電路併入自家的晶片設計中，最終設計出的晶片即帶有 AI 加速功能。

Arm 是一家專門只設計、銷售電路的業者，有些業者既有自主晶片也授權電路，例如中國大陸寒武紀（Cambricon）既有設計、銷售自有 AI 加速晶片的思元系列加速卡，也有銷售加速電路如 Cambricon-1M、Cambricon-1H；又如 Flex Logix 公司有自己的 InferX X1 晶片並以加速卡型式銷售，但該公司同時有銷售 EFLX eFPGA 的電路給晶片商，運用其電路可獲得 AI 加速執行效果。

另外 EDA 業者如 Synopsys 也提出 DesignWare IP for AI，Cadence 有 AI IP Platform。或新創商 EdgeCortix 也有 Dynamic Neural Accelerator IP（簡稱 DNA IP），或 BrainChip 有強化 AI 執行的構織電路 Akida 等。

■台灣的 AI 矽智財概念股

台灣也有若干業者屬於設計、銷售電路的業務型態，如力旺電子（TSE：3529）、宏觀微電子（TSE：6568）；但力旺主要在記憶體電路，宏觀則為物聯網相關電路，均非 AI 加速電路。

台灣另一家矽智財型態的晶心科技（TSE：6533）以開發銷售控制器、處理器電路為主，並有一個 AndesAIRE 系列的電路為 AI 訴求，可加速邊緣或端點的推論運算，是相對切題的 AI 概念股。

以Arm Cortex-M為基礎的系統

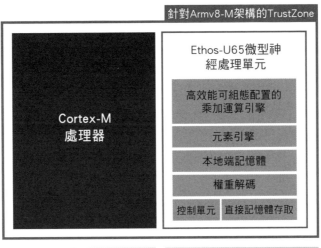

圖 54-1：Arm 主張在原有 Cortex-M 核心的微控制器內
　　　　追加 Ethos-U65 的電路（圖右部分），即可
　　　　加快 AI 運算效能。
資料來源：Arm

▶55 只在特定手機或雲端的獨家加速晶片

老生常談「天下大勢，合久必分，分久必合」，以 PC 產業初期的 1970 年代而言，當時晶片商弱勢、系統商強勢，系統商 IBM 甚至可以要求晶片商 Intel 除了 Intel 外必須有第二個供貨源，方會採用 Intel 的晶片，因此 Intel 與 AMD 交叉技術授權，使 AMD 也能生產 x86 晶片（之後一連串官司不在此言）。1980 年代中期晶片商開始抬頭，變成晶片商強、系統商弱（指 COMPAQ、Dell、HP、IBM 等）的態勢。

■ 手機、雲端新強勢系統

近十多年來手機、雲端興起，逐漸削弱 PC，Apple、Samsung 等手機商開始自主開發晶片，Amazon、Google 等公有雲服務商也開始自主開發晶片，乃至中國大陸的雲端服務商（百度（Baidu）、阿里巴巴（Alibaba）、騰訊（Tencent）等，合稱 BAT）也是如此，重新回到系統商強勢的局面。

例如 Apple 在其 iPhone 手機的 A11 主控晶片中加入神經引擎（Neural Engine）的加速電路，或如 Samsung 的 Exynos 9810 晶片也有類似設計。手機因體積小，只能在原有晶片內追加電路設計，通常無法額外配置整顆離散封裝的 AI 加速晶片。

但公有雲有龐大的機房，可以自主研發獨立的 AI 加速晶片，如 Amazon 研發推論專用的 Inferentia 晶片、訓練專用的 Trainium 晶片，Google 也發展 Cloud TPU 晶片，這些晶片均不外售，想要使用這類加速晶片，只能申請使用 AWS、Google Cloud 等公有雲服務才行，此將在之後進一步說明。

圖 55-1：Amazon 於 re:Invent 例行年會上介紹自家獨有的 Inferentia 推論專
用 AI 加速晶片與 Trainium 訓練專用 AI 加速晶片。
資料來源：Amazon

▶56 人工智慧有助於晶片設計驗證

前面在第二章已列舉多種 AI 應用，但在此其實還能再介紹一種，那即是運用 AI 來加速晶片的設計驗證，特別是今日晶片設計日益複雜，驗證工作就更需要運用智慧、效率的方式來加速。

■ EDA 業者的新機會

舉例而言，EDA 大廠新思科技（Synopsys）的晶片設計靜態驗證方案為 Synopsys VC SpyGlass 平台，該平台中的 Synopsys VC LP 就具有 AI 技術，能在晶片設計後的靜態驗證階段先行找出設計缺陷，而後再由工程師進一步關注缺陷、修復缺陷，新思宣稱如此可提升 10 倍的偵錯效率。

另外，AI 也對晶片設計過程中的效能最佳化有幫助，新思另一個設計工具 Synopsys VCS 同樣運用 AI 技術來提升效率，使最佳化程序的效率提升 2～3 倍。最後還有 Synopsys Verdi 可以用 AI 技術分析錯誤，以利後續精進。

簡而言之，AI 晶片可加速 AI 執行運作，但 AI 執行運作的各種應用，也包含了晶片設計工作，但不限定是 AI 晶片，其他類型的晶片也適用。

就晶片設計驗證等工具嚴格而論偏軟體，但由於已屬於高度專業領域，不適合以普遍性軟體而論，因此還是歸在晶片設計、晶片經濟領域。

除了新思外，另兩家 EDA 大廠如 Cadense、Siemens EDA 等也同樣運用 AI 技術來提升自家 EDA 方案，加上台積電開放創新平台（Open Innovation Platform, OIP）下也集合 10 多家 EDA 業者為聯盟，均在這波 AI 熱潮中有發展機會。

表 56-1：台積電 EDA 聯盟業者名單（至 2023
年 9 月底，依公司英文字母排列）

#	公司英文名稱
1	Altair Engineering（NADSAQ：ALTR）
2	Ansys（NASDAQ：ANSS）
3	AnaGlobe
4	Arteris
5	Cadence Design Systems（NASDAQ：CDNS）
6	Empyrean
7	Insight EDA
8	iROC Technologies
9	Keysight Technologies（NASDAQ：KEYS）
10	Lorentz Solution
11	MunEDA
12	Siemens EDA（FWB：SIE）（NTSE ADR：SIEGY）
13	Silvaco
14	SkillCAD
15	Synopsys（NASDAQ：SNPS）

資料來源：台積電

▶57 先進封裝技術亦有助人工智慧晶片

矽智財電路早期以軟核（Soft IP）方式銷售，購買者是買到數位邏輯層次的設計精神，電路的實現仍可自行變化詮釋。但隨著晶片儘快上市（Time to Market）的壓力日增，許多晶片商已沒有時間理解設計精神來融合設計，直接購買已經以某晶圓廠、某製程技術實現的電路，以此來整併設計是較快速的作法，而已實體化實現的電路則稱硬核（Hard IP）。

即便如此，上市時間壓力依然有增無減，業界開始提出 SiP（System in Package）封裝技術，將多個裸晶放在同一封裝內，用打線（Wire bonding）方式連接在一起。不過打線的連線傳輸不夠快，成為傳輸瓶頸，故僅有在極為重視短小輕薄的設計時會用上 SiP。

■ 更先進封裝技術的出現

然而技術持續進步，矽穿孔（Through-Silicon Via, TSV）的連接技術可讓裸晶間以極近距方式疊接，傳輸率大增。更後續也有 InFO（Integrated Fan-Out）、CoWoS（Chip-on-Wafer-on-Substrate）等技術，使晶片朝 2.5D、3D 的方式整合實現，如此各裸晶可以被當成等待被拼接到封裝內的「Chiplet」來看待。

有了這些技術後，晶片商即便購買到 Hard IP 也不需要進行融合設計（意味開發新的光罩，成本極高），直接用 Hard IP 實現的裸晶進行封裝內連接，甚至可以向其他晶片商購買庫存、尚未封裝的裸晶來兜，也讓摩爾定律（Moore's Law）持續適用，此均有利於 AI 晶片的發展。

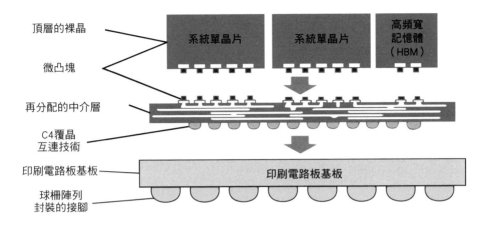

頂層的裸晶

微凸塊

再分配的中介層

C4覆晶
互連技術

印刷電路板基板

球柵陣列
封裝的接腳

系統單晶片

系統單晶片

高頻寬
記憶體
（HBM）

印刷電路板基板

圖 57-1：台積電的 CoWoS 封裝技術示意圖。
資料來源：台積電

▶58 CoWoS 等先進封裝概念股當關注

正因為 CoWoS 等先進封裝技術有助於晶片儘快上市、晶片庫存調控、晶片電路密度持續提升（摩爾定律），雖然這對所有先進晶片均有助益，但今日高價、高量的先進晶片，也幾乎都與 AI 技術相關連，包含前述的 GPGPU、FPGA，或 CPU 增加 AI 加速指令、手機晶片加入 AI 加速電路等。

■ 國內 CoWoS 技術相關業者

因此，CoWoS 概念股很大程度可以與 AI 概念股劃上等號，而這必須是具有先進封裝技術的業者，而非尋常封裝技術的業者，甚至長久以來一直以晶片製造代工的台積電，也逐漸跨入先進封裝製程領域，與日月光等長年以封裝業務為主的業者間界線不再明確。

除了實際投入 CoWoS 封裝技術研發與生產的業者外，晶圓上游產業也雨露均沾，例如晶圓研磨需要砂輪，此與中國砂輪有關；或撿晶設備與萬潤科技有關；或 EUV 光罩盒與家登精密有關；此外前述的 IC 載板、印刷電路板也一樣有關。

另外，還有濕製程設備相關的業者如弘塑科技、辛耘企業；可滿足高階封裝測試需求的穎崴科技或旺矽科技等。不過，相關業者畢竟為參與性質，主要仍是以台積電、日月光為要角。

表 58-1：台灣主要 CoWoS 概念股業者

#	業者(股票代號)	業務關連
1	台積電(TSE：2330)	技術與生產
2	日月光(TSE：3711)	
3	中砂(TSE：1560)	晶圓磨輪
4	家登(TSE：3680)	EUV光罩盒
5	萬潤(TSE：6187)	撿晶設備
6	弘塑(TSE：3131)	濕製程設備
7	辛耘(TSE：3583)	
8	穎崴(TSE：6515)	測試設備
9	旺矽(TSE：6223)	

資料來源：各業者

▶59 高頻寬記憶體、CXL 協定等不可忽視

前面均以 AI 運算加速為主軸來談論投資機會，但 AI 晶片也需要相關配套，畢竟 AI 既吃運算力也吃資料儲存容量，如果運算力高強，卻沒有足夠量的記憶體，或雖有足夠量的記憶體，但卻傳輸過慢，如此一樣會成為整體 AI 運算的瓶頸。

針對高速運算需求，半導體業界早已研擬並推行先進的記憶體技術，稱為高頻寬記憶體（High Bandwidth Memory, HBM）。嚴格而論，這也是用 2.5D、3D 封裝技術來實現的，發起的業者為記憶體大廠南韓 Samsung、Hynix 以及處理器大廠 AMD，2013 年為第一代技術，2016 年提升為第二代 HBM2，2020 年第三代 HBM3，並有各種衍生版、精進版，如 HBM-PIM、HBM3E 等。

因此，現在許多高速伺服器、高階的加速卡上，多半已不是使用一般的尋常 DRAM 記憶體，而是用 HBM 記憶體，AI 系統、AI 加速卡也無法免俗，使用 HBM 機率高。

■ 密切觀察 CXL 協定的動向與推展

HBM 已舒緩若干傳輸瓶頸，業界進一步想運用 PCI Express（簡稱 PCIe）介面來更舒緩高速系統內的記憶體傳輸需求，對此提出 CXL（Compute Express Link）傳輸協定。台灣有加入 CXL 協會的業者如百佳泰、凡甲科技（TSE：3526）、群聯電子（TSE：8299）等。百佳泰以測試服務為主，凡甲則為連接器，群聯則是記憶體控制器晶片的設計與銷售。

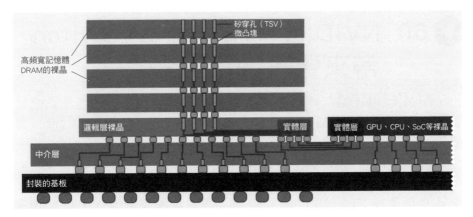

圖 59-1：HBM 結構示意圖。
資料來源：電子工程專輯

▶ 60 NVIDIA NVLink、NVSwitch 帶來更多商機啟發

AI 系統以硬體加速晶片為核心，並需要輔助搭配大容量高速記憶體，如前述的 HBM，甚至用上 CXL 協定來加速系統內的資料傳輸等，整體系統效能才能完整發揮，否則容易產生瓶頸。

但加速系統內傳輸這方面，CXL 可謂是目前業界的共識。但共識通常也意味著較冗長的階段討論，連帶延誤推行進度，故有些業者自行研發專屬的高速傳輸介面技術並加以推展，以執行力快速取得市場認可。例如現階段 AI 加速晶片的領導晶片商 NVIDIA，即提出 NVLink、NVSwitch 等技術，並對應提出晶片。

NVLink 用於單純的兩晶片相連，而更多晶片間的相連則需要使用 NVSwitch，截至 2023 年 NVLinke 技術已經發展到了第四代，從 NVIDIA 的 H100 晶片上開始配置第四代。類似的，AMD 也有高速傳輸技術稱為 Infinity Fabric，之後稱為 AMD Infinity 架構。

■ 值得更多業者投入

由上可知，AI 概念晶片並非只有 AI 運算加速晶片，也需要高速記憶體晶片、高速傳輸介面晶片等配套，NVIDIA 實際投入 NVSwitch 晶片就是最好的示範。

因此，台灣技術業者並非一定要投入 AI 加速晶片，任何有助於效能提升的記憶體晶片、記憶體控制晶片、高速介面晶片等均值得發展，也並非一定要發展完整晶片，僅以矽智財方式授權也是可行。

圖 60-1：NVIDIA 為了加速 AI 系統內的傳輸效能而開發、銷售 NVSwitch 晶片。

資料來源：NVIDIA

▶61 伺服器與工業控制電腦

雖然帶有 AI 加速電路的晶片可能埋放到一個手機內、一個智慧喇叭內，乃至一個感測器裝置內，最終達到人工智慧無所不在（AI Everywhere）的境界，但現階段而言，以伺服器（Server）及工業控制電腦（Industrial Personal Computer, IPC）等中大型系統有著較大的 AI 商機，之後才進一步滲透到小型、微型的裝置性產品。

更嚴格而論，工業（Industrial，近年來也翻譯成產業）控制電腦因為在各種營運現場裝設，以及充當物聯網（Internet of Things, IoT）應用的閘道器（Gateway, GW），而 Edge AI 需要在工控電腦、閘道器內執行，故也成為焦點。至於伺服器，則用來實現 AIoT 需要的 Cloud AI。

■ 伺服器代工、品牌工控電腦均有機會

台灣雖無強力的國際級伺服器品牌，但卻長年經營伺服器代工，故 AI 伺服器需求增加，品牌商給出的代工訂單也會增加；或者，公有雲（public cloud）服務商者也將加強提供 AI 雲端服務，公有雲服務商更傾向跳過伺服器品牌商，直接下訂單給代工商，此將成為台灣極大的商機。

另外，工控電腦本即以營運現場堅耐性為主，不需要如伺服器品牌商般投入龐大資源在品牌形象、綿密通路上，故台灣工控電腦在全球市場具有份量，未來隨著 Edge AI 需求的增加，台灣工控電腦無論品牌與代工均會受惠。

表 61-1：台灣主要 AI 系統商機業者列表

	現階段	台灣主要商機業者
Cloud AI商機	伺服器	伺服器代工 ・鴻海（TSE：2317） ・廣達（TSE：2382）以及雲達 ・英業達（TSE：2356） ・緯創的緯穎（TSE：6669） ・神達（TSE：3706）的神雲科技 ・SuperMicro（NASDAQ SMCI）高度台灣背景
Edge AI商機	工控電腦、物聯網閘道器、嵌入式電腦、邊緣伺服器	工控電腦商 ・研華電腦（TSE：2395） ・艾訊電腦（TSE：3088） ・安勤科技（TSE：3479） ・凌華電腦（TSE：6166） ・研揚電腦（TSE：6579） ・新漢電腦（TSE：8234） ・友通資訊（TSE：2397） ・威強電工業電腦（TSE：3022） ・融程電訊（TSE：3416） ・鴻翊國際（TSE：3479） ・飛捷科技（TSE：6206） ・泓格科技（TSE：3577） ・磐儀科技（TSE：3594） ・瑞祺電通（TSE：6416） ・廣錠科技（TSE：6441） ・維田科技（TSE：6570） ・鑫創電子（TSE：6680） ・博來科技（TSE：7562） ・廣積科技（TSE：8050） ・伍豐科技（TSE：8076） ・振樺電子（TSE：8114） ・超恩 ・更多…
TinyML商機	更後期的感測器節點裝置	同上

資料來源：作者提供

▶62 伺服器品牌商

雖然近年來公有雲業者傾向直接向伺服器代工商下單，以取得更便宜、更能依據其要求而客製設計生產的伺服器，但仍然有許多企業傾向不使用公有雲提供的 AI 服務，而是選擇自建 AI 資訊系統，如此就有必要購買品牌商的伺服器。

當然企業也可以用桌上型電腦搭配 AI 加速卡來實現自己的 AI 系統，甚至是自己組裝桌上型電腦等，但這是在預算相當拮据的情況下才需要，多數企業仍追求伺服器的穩定性、機內組件預先相容性測試，以及數年內的維護支援服務保證、可供替換料件的庫存保證等，而選擇品牌伺服器。

■ 全球主要伺服器品牌商

全球伺服器品牌商主要為戴爾（Dell）、慧與科技（HPE，原惠普（HP）分立而成）、聯想（Lenovo，部分購併自 IBM）三大家，次之則有思科（Cisco）、富士通（Fujitsu）、甲骨文（Oracle）等，中國大陸地區則還有華為（Huawei）、浪潮（Inspur）、曙光（Sugon）等。

雖然台灣亦有宏碁（acer）、華碩（ASUS）、技嘉（Gigabyte）等系統商主打品牌伺服器，但在全球品牌形象、銷售通路等方面，與前述的業者間有著極大空間要努力。甚至對宏碁、華碩而言，仍是以消費性終端產品為主，而非高度商務取向的伺服器。

不過，宏碁、華碩在歐洲有較高市佔率，特別是東歐有較高比例的用戶重視性價比而非品牌服務，故仍有可經營空間。

表 62-1：主要伺服器品牌商列表

業者	股票代號	國別
戴爾電腦（Dell）	NYSE：DELL	美國
慧與科技（HPE）	NYSE：HPE	美國
聯想（Lenovo）	HKG：0992	中國大陸
思科（Cisco）	NASDAQ：CSCO	美國
富士通（Fujitsu）	TYO：6702	日本
甲骨文（Oracle）	NYSE：ORCL	美國
華為（Huawei）	未掛牌	中國大陸
浪潮（Inspur）	SHA：600756	中國大陸
曙光（Sugon）	SHA：603019	中國大陸
宏碁（acer）	TPE：2353	台灣
華碩（ASUS）	TPE：2357	台灣
技嘉（Gigabyte）	TPE：2376	台灣

資料來源：作者提供

註：在此以開放性的 x86 伺服器、Arm 伺服器
為主，專屬封閉架構的伺服器雖也有強化
AI 硬體加速能力，但因封閉性與高單價，
不易在這波 AI 浪潮中成為主要受惠者。

▶63 系統代工商、系統模組商

　　生產製造一套運算系統需要諸多零件，系統製造商難以自行料理一切，同時訂單客戶可能有各種搭配組合需求，例如這批貨的記憶體容量要多一點、下一批貨的處理器要效能強一點等。如此為了簡化生產與彈性，系統內會區分成數個模組，並由系統廠委託外部的模組製造商先行完成，再交由系統廠組裝。

　　此概念也類同於汽車、飛機等複雜製造，汽車製造商即為系統廠角色，其他配合的衛星工廠則類似模組商，如輪胎廠、避震器等，由衛星工廠生產後，再由組裝廠組裝成車。

　　另外，系統廠也會依據訂單客戶的要求代為採購關鍵零件（通常單價較高），業界俗稱 Key Part（關鍵部分），如處理器、硬碟等。若為筆記型電腦，則還包含電池組、液晶面板等。

■ 電子五哥的崛起

　　由於自 1990 年代後期，美國品牌系統商（時為戴爾（Dell）、康栢（Compaq）、惠普（HP）等）逐漸捨棄廠房、產線等高昂固定資產，轉向亞太區的電子製造商採購系統，系統代工製造的業務開始崛起，即今日的廣達（TES：2382）、仁寶（TSE：2324）、緯創（TSE：3231）、和碩（TSE：4938）、英業達（TSE：2356）等，俗稱電子五哥。

　　有關電腦系統的模組一般有記憶體模組、固態硬碟模組、電源模組、散熱模組等，另外，系統內的介面卡（adapter）或各種子卡也可視為模組，特別是 AI 晶片常以介面卡型式放入系統中。

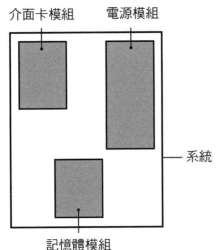

圖 63-1：系統為了方便因應市場而彈
性組態配置，進行模組化。
資料來源：作者提供

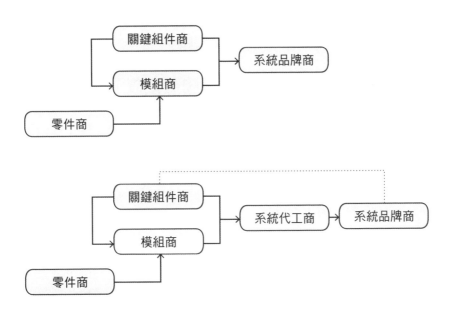

圖 63-2：系統品牌商捨棄自主組裝製造轉交由代工商，但仍會若干自
主關鍵零件採購，以控制成本。
資料來源：作者提供

▶64 DRAM、NAND 型快閃記憶體模組商

　　AI 系統內除了主機板最重要外，第二重要的估計是 DRAM 記憶體。由於系統可能隨時要換裝不同類型、不同容量、不同速度的記憶體，所以主機板與記憶體間是採模組化設計。

　　台灣雖有生產製造 DRAM 記憶體的業者，如南亞（TSE：2408）、華邦（TSE：2344），但全球市佔率逐步減少，且以消費性 DRAM 為多，主佔業者為南韓三星（Samsung）、南韓海力士（Hynix）與美國美光（Micron），三家已達 90%以上市佔率。

　　至於 DRAM 記憶體模組以美國金士頓（Kingston）（雖然為美籍華人開設）為壓倒性市佔，接近 80%，其餘業者多在 0～3%左右市佔，如台灣的威剛（TSE：3260）、十銓（TSE：4967）等。故 AI 系統的記憶體大餅，國內業者較難著墨。

■NAND Flash 記憶體模組（固態硬碟）

　　除 DRAM 模組外，以 NAND 型快閃記憶體（NAND Flash Memory）構成的模組也相當重要。近年來因技術的精進、價格的跌落，已大幅取代傳統機械式硬碟，並被人稱為固態硬碟（Solid-State Disk, SSD），以晶片及電路構成，沒有可動的部件（moving part），意味著更穩定運作。

　　NAND Flash 台灣同樣著墨甚低，幾乎倚賴進口。NAND Flash 主佔業者為 Samsung、SK 集團（Hynix 外加 Intel 釋出的 Solidigm）、鎧俠（Kioxia）（主體為過去的東芝（Toshiba））、威騰或西方數位／西數（Western Digital Corp.，簡稱 WD 或 WDC）、Micron。

至於 NAND Flash 模組（固態硬碟）幾乎就來自 NAND Flash 記憶體業者，另有 Intel 等。無論 NAND Flash 晶片或 SSD 模組，這波 AI 熱潮，台灣也是難有機會爭取。

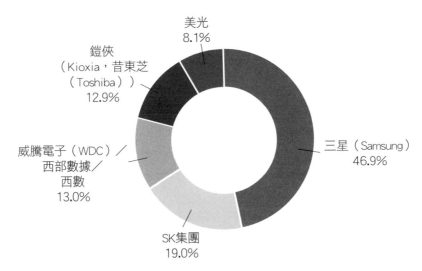

圖 64-1：專業記憶體產業調查機構集邦科技（TrendForce）調查 2022 年第四季全球企業級（意味著高階系統，AI 系統算在此）固態硬碟的營收市佔率。

資料來源：TrendForce

▶65 電源模組（電源供應器單元）商

電源模組也稱電源供應器、電源供應器單元（Power Supply Unit, PSU）、切換式電源供應（Switched Power Supply, SPS）等；而電源供應器會用到電阻、電容、電感等被動元件，以及二極體、電晶體、變壓器、保險絲，也包含若干散熱片（用於功率型元件的散熱），或是開關、電源管理晶片等。

在伺服器等高階運算系統上，為了避免因單一的 PSU 故障導致整體系統停擺，通常會配置兩組或兩組以上的 PSU，以便一組故障時另一組可以接手運作，而後快速取出故障的 PSU 進行檢視、修復；若無法修復則換新，將正常的 PSU 重新裝入，此作法稱為備援或冗餘（redundant）、熱置換／熱插拔（Hot Swap / Hot Plug）。

■ 電源四雄

台灣有關電源供應器的生產製造概念股眾多，從寬認定有 30 家以上，在此僅若干列舉代表性業者，如台達電（TSE：2308）、光寶科（TSE：2301）、群電（TSE：6412）、康舒（TSE：6282），俗稱電源四雄。另外也有全漢（TSE：3015）、海韻電（TSE：6203）等。

嚴格而論，系統模組面已離 AI 市場稍遠，畢竟 AI 硬體加速晶片的發展、AI 軟體演算法的精進等，對模組的影響已是間接，只有在較大的技術變革時，才可能連帶影響模組的設計、生產。

不過 AI 伺服器本身就是需要更大供電、更多記憶體、更強的散熱等，故相關模組依然能入列，屬於整體 AI 系統硬體供應鏈的一環。

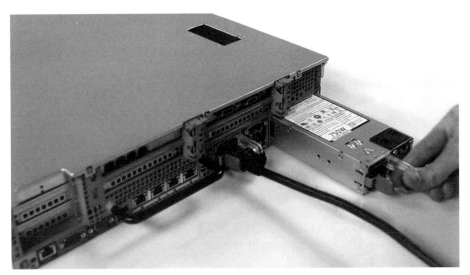

圖 65-1：典型具有雙電源供應器的戴爾（Dell）PowerEdge 系列 R720 型伺
服器，其中一個供電器仍連著電源線，另一個則用手取出。

資料來源：Dell Quick Resource Locator

▶66 氣冷散熱模組商

記憶體、供電器後即是散熱模組（Thermal Module），模組上同樣牽涉到諸多零件，例如散熱膏、散熱片、熱導管（Heat Pipe，大陸直接稱熱管）、電動風扇等。散熱片與熱導管不需要電力也能散熱，稱為被動散熱；反之，風扇需要電力才能發揮散熱效果，稱為主動散熱。

伺服器內通常在 CPU 上配置散熱片，晶片與散熱片間需塗上散熱膏以導引熱，並在需要時使用熱導管，而後在內部的重要導引氣流位置裝設電動風扇。至於加裝到伺服器內的 AI 加速卡也會有散熱片、散熱風扇等相關配置。

與記憶體模組、電源模組略不同的，散熱模組通常要遷就系統內部零件的排佈後才加以客製設計生產，構型（form factor）上較難以標準一致性生產。

■ 散熱模組三雄

在台股中有所謂的散熱模組三雄，即健策（TSE：3653）、雙鴻（TSE：3324）、奇鋐（TSE：3017），然主力放在模組上的為後二者；在三雄外散熱概念股仍有諸多業者，如建準（TSE：2421）、力致（TSE：3483）、泰碩（TSE：3338）、協禧（TSE：3071）等。

散熱模組除了因 AI 伺服器運算力增導致用電增、散熱增而需要更佳的模組外，散熱模組商原即有個人電腦、電視遊樂器、工控電腦等業務，加上興起的 EV 電動車、5G 基地台需要的邊緣運算（edge computing）、軍事工業（簡稱軍工）概念等，市場具多樣性。

電動風扇

熱導管

散熱片

圖 66-1：典型伺服器機內使用的散熱片、熱導管、電動風扇。
資料來源：喜可士半導體

▶67 水冷、沉浸式散熱模組商

　　由於 AI 晶片及 AI 系統的運算力大增，連帶功耗用電也大增，運作過程中產生的廢熱也大增，現有以散熱片、熱導管、電動風扇等快速帶走熱氣的散熱方式，逐漸不敷使用。

　　因此業界開始推行比氣冷（或稱空冷）冷卻效率更佳的液冷（或稱水冷）方案，液冷即是用攜熱能力比空氣更強的液體（或稱冷媒）來帶走晶片廢熱，液體將熱攜離系統後再加以排熱，故液體需要在封閉管線中循環。

　　如果攜熱後的液體因熱轉化成氣體，而後因排除熱而回返到液體，此稱為二相（phase）式散熱，即在液相、氣相兩種狀態中轉換。反之，若只是熱水、冷水的循環而未昇華成氣體，則稱為單相，其實原理與冷氣機類似。

■ 更強悍的浸沒式散熱

　　前述的液冷仍是用散熱膏貼於晶片散熱面，再讓液體吸熱排熱，但更進一步的液冷是把整個系統電路板泡入冷卻液中，而後再對吸熱後的液體進行循環排熱，稱為浸沒式散熱（Immersion Cooling）。電路板上所有散發熱的地方都用液體替代空氣來帶走熱量，達到更強的散熱效率。

　　目前具浸沒式散熱模組議題的台股業者如廣運（TES：6125）、緯穎（TSE：6669）、技嘉（TSE：2376）、勤誠（TSE：8210）、營邦（TSE：3693）。須注意的是，液冷一旦漏液容易危害系統，沉浸散熱亦不易檢測維修系統電路，並非全然優點。

表 67-1：浸沒式散熱模組概念台股業者整理

#	業者	本業
1	廣運（TSE：6125）	製造業自動化方案
2	緯穎（TSE：6669）	伺服器代工
3	技嘉（TSE：2376）	伺服器代工、電競品牌產品、品牌主機板
4	勤誠（TSE：8210）	伺服器機殼
5	營邦（TSE：3693）	伺服器機殼、伺服器準系統、儲存設備

資料來源：作者提供

圖 67-1：圖中營運管理者先洩放冷卻液，而後向上抽出系統電路板，進行更換或檢修。
資料來源：TechCrunch

▶68 伺服器機殼商

前面已在浸沒式散熱模組中略提及勤誠、營邦兩業者，兩業者的本業與伺服器機殼（也包含其他資訊產品的機殼，如桌上型電腦、資料中心儲存設備等）有關，兩業者也在台股領域被稱為機殼雙雄。

除此之外，還有許多的伺服器機殼業者，例如晟銘電（TSE：3013），晟銘電亦朝浸沒式散熱領域發展；又如迎廣（TSE：6117）、富驊（TSE：5465）等，其中迎廣也有桌上型電腦機殼、電競桌上型電腦機殼、桌上型電腦電源供應器等；富驊則是各種機構的設計、驗設與生產，過去以筆記型電腦為主，而後轉向伺服器。

此外，2016 年偉訓（TSE：3032）購併富驊與力驊，對富驊持股 50%以上，因此也可計入 AI 伺服器機殼概念股。

■ 伺服器機殼的取向改變

過往伺服器機殼代工業務較單純，以 1U、2U 等高度的機架伺服器（rack mount server）為主，之後若干因應更高密度的需求而代工刀鋒（blade）伺服器，或是有俗稱的 Multi-Node 伺服器。

然近年來因 Google、Facebook 網路業者及 AWS、Azure 公有雲端服務商的展露，這些俗稱超大規模（hyperscale）客戶，且 Facebook 發起開放運算專案（Open Compute Project, OCP）標準，伺服器的尺寸構型（form factor）開始不同，與傳統品牌伺服器漸行漸遠。

另外 AI 伺服器為了能裝入加速卡，今日大宗的 1U、2U 伺服器並不合適，多望向 3U、4U 以上高度，代工商也須調整因應。

表 68-1：各種伺服器構型與對應情境、標準與需求客戶等整理

外型	場合情境	構型尺寸標準	需求客戶
塔型（Tower）	企業辦公室後方或角落	類似桌上型電腦或工作站，自由發揮無標準	品牌伺服器商，如HPE、Dell
機架型（Rack Mount）	企業資訊機房、超大規模資料中心	業界默契標準	品牌伺服器商與超大規模客戶
刀鋒型（Blade）	企業資訊機房	品牌伺服器商各行其是	品牌服務商
多節點型（Multi-Node）	企業資訊機房、中小規模資料中心	業界默契標準	
開放運算專案型（OCP）	超大規模資料中心	開放標準	超大規模客戶，Google、Facebook、AWS、Azure

資料來源：作者提供

▶69 更多系統面的相關業者

除了上述外，還有許多 AI 伺服器相關的概念股，但無法在前述篇幅中找到適當位置談論的，在此一併談論。

由於伺服器內必然用到許多纜線（cable）、連接器（connector），故纜線製造商、連接器製造商亦可入列，不過關連性已低上很多。就如同之前談論供電模組時，不會再去談模組上用及的電阻、電容等被動元件，否則國巨（TSE：2327）等被動元件大廠也可入列，類似散熱模組只會談及熱導管，但不會再將熱導管製造商如業強（TSE：6124）等入列。

■ 伺服器管理晶片、伺服器滑軌

不過還是有些值得關注，如超大規模業者日益傾向用代工廠直接出貨的伺服器，俗稱 ODM Direct。這類型伺服器的內部管理晶片多由信驊（TSE：5274）提供，相同的晶片對 HPE、Dell 等品牌伺服器而言，則是自研自用不外流。

如此，一旦超大規模業者採購越多的 ODM Direct 伺服器，就意味著信驊有機會出貨更多的管理晶片，甚至 AI 加速卡上也需要。不過管理晶片未具 AI 加速性，故前述篇幅無法提及。

另外，機架伺服器送入機房後需放入機櫃內，通常要用及導軌，而川湖（TSE：2059）即生產導軌，據其 2022 年報揭露，其年營收 96% 來自導軌，2% 來自鉸鏈，2% 其他，廚衛傢俱用的抽屜滑軌為 0%。

但導軌與管理晶片相同，非直接 AI 伺服器相關，但又具關連性，故在此談論。

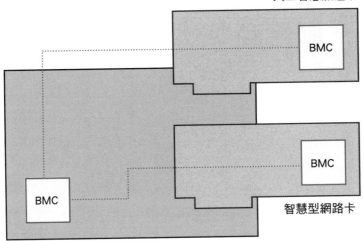

人工智慧加速卡

BMC

智慧型網路卡

BMC

BMC

伺服器主機板

圖 69-1：伺服器系統內用及的板卡可配置基板管理控制器
（Baseboard Management Controller, BMC）晶
片，即伺服器管理晶片，以利營運者進行更完善、完
整的內外硬體清點、運作良善性監督等統管工作。

資料來源：作者提供

▶70 生產製造外的相關支援服務商

除了直接投入生產與配裝外，其實也有許多搭配系統生產商的服務業者，例如協助系統各種規格標準的認驗證服務商，如台灣的百佳泰、瑞士的 SGS、英國的 BSI、德國的 TUV、法國的 Bureau Veritas 等。

雖然伺服器系統商自身除了有研發團隊外，也會有自屬的測試團隊，但多數時間的測試是在驗證研發成果的工程特性、物理特性，或是取得技術合作夥伴的板卡周邊，進行相容性測試等，真正合乎產業或市場的外部規格標準，依然是以上述測試服務機構較為專業，最終也要通過其測試才能獲得核發認證。

■ 韌體開發亦相關

另外，伺服器系統並非只有電子電機工程開發，也有韌體面的程式需要搭配開發。如同前述的測試工程師，系統商內部同樣會雇用韌體工程師，但依然有尋求外部服務的需求，特別是在比較更貼近系統底層的韌體功能、產業共通性高的韌體功能，通常尋求外部支援，內部韌體工程師只針對系統商自身的少屬客製需求進行韌體撰寫與修改。

在台股中，如系微（TSE：6231）即屬於韌體商，主要業務即是開發與授權伺服器相關的韌體程式，另外中國大陸的江蘇卓易信息科技（688258，上海）亦為相似業務的公司。

相似的業者也有美國鳳凰科技（Phoenix Technologies）、美國安邁（American Megatrends, Inc., AMI）等，但韌體業務方向均已轉向，並非在伺服器領域。

Insyde Powers AMD-based AI servers

19
Jan
2023

Insyde® Software Aids Computer Makers Delivering Newly Unveiled AMD Instinct™ MI300 Server Accelerator

World's First Integrated CPU + GPU for Data Center Unveiled Recently at CES

Firmware Optimizations and Validation to Take Full Advantage of New Server Accelerator for Exascale Designs

WESTBOROUGH, MA – January 19, 2023 – Insyde® Software, a leading provider of UEFI BIOS and BMC management firmware, announced today the readiness of its enabling and management solutions for the AMD Instinct™ MI300 Data Center APU, recently unveiled by AMD at the CES exhibition in Las Vegas.

Company Confidential | © 2023 Insyde Software

14

圖 70-1：系微在 2023 年 9 月法説會上強調其韌體已可用於超微（AMD）AI 加速晶片的伺服器內。

資料來源：系微法説會

Insyde Powers nVidia-based AI servers

25
Jul
2023

Insyde Software Unveils UEFI BIOS and OpenBMC Firmware for NVIDIA Grace CPU and GH200 Grace Hopper Superchips

Advanced Firmware for NVIDIA Accelerated Computing Platforms Enables Computer Makers to Meet Demand for Giant-Scale AI and HPC

Boston, MA and Taipei, Taiwan – July 25, 2023 – Insyde® Software, a leading provider of UEFI BIOS and BMC management firmware, today announced its full support for the NVIDIA Grace™ CPU Superchip and NVIDIA GH200 Grace Hopper™ Superchip with highly tuned, customizable versions of InsydeH2O® UEFI BIOS and Supervyse® OpenBMC manageability firmware.

Company Confidential | © 2023 Insyde Software

15

圖 70-2：系微在 2023 年 9 月法説會上強調其韌體已可用於輝達（NVIDIA）AI 加速晶片的伺服器內。

資料來源：系微法説會

▶ 71 本機端軟體、雲端軟體

在正式進入 AI 軟體、服務產業前，還是要說明一些基礎知識，以一個簡單的產業發展歷程來說明。

在資訊產業發展的初期，基礎軟體都是由硬體廠商順便開發撰寫後，隨著硬體銷售附贈給用戶的，而用戶自身有進一步的專屬、差異性軟體需求，則自行開發或委託其他業者代為開發。

更之後軟體需求增加，開始有獨立的軟體開發商（Independent Software Vendors, ISV），即沒有硬體業務，完全以開發、銷售軟體為主要業務的業者。銷售方式有兩種，一是賣給硬體商，再由硬體商隨附給用戶，例如 DOS、Windows 作業系統，稱為預裝（preinstall）或綁售／搭售（bundle）；二是弄成完整包裝盒，上一般零售賣架，等待需求者拿去結帳，稱為套裝軟體（package software）。

■ 軟體功能交付方式在改變

隨硬體取得或自己購買，都是安裝在自己電腦上執行，稱為本機端（local）。這類軟體除了購買時的一次性授權費用（預裝已含在硬體售價內）外，後續每年也會收取軟體更新費（後續小幅改版才能更新）、服務支援費（使用上出問題時可以求助）。

不過軟體正在改變，2006 年亞馬遜（Amazon）推出 AWS（Amazon Web Services）公有雲服務後，軟體開始在遠端（remote）、雲端（cloud）執行，不在本機端，用戶運用遠端操控來使用軟體，使用多少量、多少時間，再依據帳單付費即可，這是相對新型的軟體供應模式。

註：2008 年蘋果（Apple）提出 App Store，只是取代傳統實體包裝盒、實體賣架，但依然是買斷使用的傳統本機端使用型態。

表 71-1：軟體產業簡單發展歷程整理表

階段	簡述	代表業者	軟體執行位置
軟體高度硬體綁定	軟體由硬體業者附帶開發並提供給用戶	國際商業機器（IBM）	本機端
軟體跨硬體銷售	軟體由專業軟體商開發後，銷售給硬體商或用戶	微軟（Microsoft）	本機端
開放原始程式碼（open source code）	主體軟體不收取授權費並公開撰寫內容，但可能收取其他費用，如服務費、附加的功能軟體	Linux、紅帽（Red Hat，已於2019年由IBM收購）	本機端
公有雲（public cloud）化	軟體在遠端執行，用戶以遙控方式操作，依據用量計費付費	Amazon的AWS、Microsoft的Azure、Alphabet的Google Cloud	雲端

資料來源：作者提供

▶72 人工智慧框架

　　想煮一道菜，必須先有廚房、廚具、食材，甚至食譜等。同理，想開發出一個 AI 模型也需要許多東西，程式設計師必須會撰寫程式語言，必須弄到供訓練用、驗證用的資料，諸多資料集合在一起稱為資料集（dataset），而且資料可能還需要清理、標註等處理。

　　然後要選擇演算法、編譯器，訓練後要進行模型的表現評估而需要評估工具，評估後可能不如預期而需要再訓練、再調整（fine tune），此方面需要用到量化器（quantizer）、最佳化器（optimizer）等。

　　另外為了加速開發，也需要有範例程式（sample code）、有預訓練好的模型（pre-trained model），諸多已備妥的模型合在一起稱為模型動物園（model zoo）。還要有現成可呼叫的函式（function），諸多函式集合起來稱為函式庫（library）。確實訓練完成後還要佈建（deploy），以及佈建後的相關管理等。

■ 技術大廠的框架卡位戰

　　上述種種若由程式師逐一張羅實在太辛苦，對此許多資訊技術（IT）大廠已提出 AI 框架（framework）主張，在框架內儘可能含括上述的開發工具與素材（或稱資源），同時也定義模型的描述格式等，期望有更多的 AI 程式師選擇自己倡議的框架，以便壯大自己的技術陣營、技術生態圈。

　　為了推廣框架，目前資訊技術大廠多半採開放原始程式碼、免費授權等方式供程式師使用，但不排除商業應用或特定資源需要收費。

圖 72-1：近年來知名的人工智慧（機器學習、深度學習）框架專
　　　　案、函式庫。

資料來源：TowardsDataScience.com

表 72-1：人工智慧主要開發工具及框架整理表

#	框架名稱	框架發起或主責單位	授權方式
1	TensorFlow	Google	Open／Apache
2	Cognitive Toolkit（簡稱CNTK）	Microsoft	Open／MIT
3	Mxnet	Apache基金會	Open／Apache
4	Caffe 2	Meta／Facebook	Open／BSD
5	Deeplearning4j（簡稱DL4j）	Eclipse基金會	Open／Apache
6	PyTorch	Meta／Facebook	Open／BSD
7	Theano	MILA	Open／BSD
8	Keras	Google工程師	Open／MIT
9	ONNX	Linux基金會	Open／Apache
10	Accord.NET	César Roberto de Souza	Open／LGPL
11	scikit Learn	David Cournapeau	Open／BSD
12	MAHOUT	Apache基金會	Open／Apache
13	OpenNN	Artelnics	Open／LGPL
14	AutoML	Google	Open／Apache

資料來源：作者提供

▶73 三種公有雲服務類型

　　軟體不用安裝，用戶只要遠端登入後以遙控方式使用軟體，用多少用多久付多少，此稱為公有雲（public cloud）服務。另外還有社群雲（community cloud）、私有雲（private cloud）等，但不在本次 AI 供應鏈討論範圍內。

　　公有雲其實還有三種服務層次，一種是單純提供運算力、儲存空間的，嚴格而論與軟體無關，這稱為基礎建設即服務（Infrastructure as a Service, IaaS）；另一種是只提供軟體功能給其他軟體呼叫使用，本身不是完整軟體的，稱為平台即服務（Platform as a Service, PaaS）；第三種是一般用戶可完整使用的軟體，稱為軟體即服務（Software as a Service, SaaS）。

■ 全球公有雲市場概況

　　根據 Synergy Research Group 的市場調查，2022 年第 2 季的全球雲端供應商（cloud provider）市場達 650 億美元，較去年同期成長 18%。Synergy 認定的雲端供應商市場包含 IaaS、PaaS，以及若干代管私有雲（Hosted Private Cloud）業務。

　　以此認定來檢視，全球最大業者為亞馬遜（Amazon）旗下的亞馬遜網路服務（AWS），市場營收佔比約 32%；其次為諸多零星業者加總的其他，約 28%，嚴格而論不算第二大業者；更次之為微軟（Microsoft）旗下的 Azure 公有雲服務業務。

再來是谷歌（Google）旗下的 Google Cloud，約 11%；其他如阿里巴巴集團（Alibaba）的阿里雲（Alibaba Cloud），約 4%；IBM 旗下的 IBM Cloud，約 3%。其他機構的統計，則還有甲骨文（Oracle）的 Oracle Cloud，或騰訊雲、華為雲。

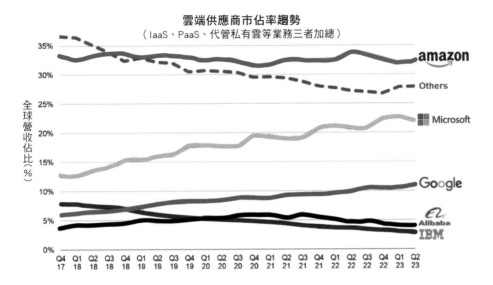

圖 73-1：2023 年第 2 季全球雲端供應商市場業者佔比。
資料來源：Synergy Research Group

▶74 資料集、函式庫、框架可否賣錢？

前面談到軟體雲端化，也談到 AI 框架，接下來要問：如何賺錢？

老實說這當中許多是開放免費的，特別是 AI 框架，科技大廠（如 Google、Meta、Microsoft 等）為了佈局，其他各方也同樣基於趕快壯大自家的技術生態系等，故對 AI 框架與框架相關的開發工具採開放免費的態度，儘可能讓更多人能接觸使用。

另外隨框架提供的範例程式也多半免費，或者也可以從其他地方取得範例程式，例如買電腦書，或者是程式師的社群論壇等。還有 AI 演算法也是學術發展而成，通常也是不收錢。

■ 依然有商業付費空間

雖然如此，但還是有些地方要付錢，例如比較難取得的資料，如一些醫療影像的資料集，就需要付費，或一些金融資料集，資料集樣本範例不用錢，後續持續更新資料要錢。

或者，有些函式庫很管用（至少業者自身角度認為）也是要付錢才能取得，或者以 PaaS 呼叫使用也是要付錢（函式庫本身就是被完整軟體呼叫使用的），例如 GPT-3.5 Turbo、GPT-4、AOAI（Azure OpenAI）等。

或者是基本版 AI 框架不要錢，但支援服務要付錢，搭配框架的延伸程式（extension）要錢；或如 Amazon 的 SageMaker 雲端版 AI 開發工具是以 SaaS 方式供人使用，前兩個月試用在一定額度內不用錢，之後依據使用的資源、時間來付費。

表 74-1：OpenAI 針對不同大型語言模型輸入與輸出每
1,000 個斷詞（Token，或稱權杖）的收費表
（PaaS 模式）

模型	類型	輸入	輸出
GPT-3.5 Turbo	4K情境	0.0015美元	0.002美元
	16K情境	0.003美元	0.004美元
GPT-4	8K情境	0.03美元	0.06美元
	32K情境	0.06美元	0.12美元

資料來源：作者提供
註1：2023 年 10 月的價格

表 74-2：使用 Amazon SageMaker Studio 筆記本的收費表
部分摘錄（SaaS 模式）

標準執行個體	vCPU	記憶體	每小時價格
ml.t3.medium	2	4GB	0.07美元
ml.t3.large	2	8GB	0.14美元
ml.t3.xlarge	4	16GB	0.28美元
ml.t3.2xlarge	8	32GB	0.561美元
ml.m5.large	2	8GB	0.158美元

資料來源：作者提供
註2：使用香港機房，2023 年 10 月的價格

▶ 75 預先訓練好的人工智慧模型

　　前面提到演算法、資料集、函式庫、框架等，有這些才能訓練出 AI 模型，但現在還有一種是已經預先訓練好的模型（Pre-Trained Model），運用這種模型只要再進行若干微調（Fine-tuning），就能合乎各種應用需求，省去重頭開始訓練的心力與時間。

　　預訓練模型有的是採開放態度供大眾免費使用，並可檢視內容（模型架構、權重、程式碼等），例如 Meta 釋出的 Llama 2，但有的則為封閉態度，不揭露內部技術細節，僅可呼叫使用，例如 OpenAI 的 GPT 系列預訓練模型即是如此。

■ 預訓練模型運算服務

　　新創業者 Hugging Face 提供一個網站平台，允許各地的 AI 開發者將資料集、預訓練模型等上傳到平台上，讓大家分享交流，然後也可以直接在該平台上取用某一個模型進行再訓練與推論，而對其收費。截至 2024 年 4 月，Hugging Face 已經累積 61 萬個以上的預訓練模型以及 15 萬多組資料集。

　　國內其實也有業者積極發展雲端上的 AI 訓練、推論服務，例如台灣智慧雲端服務股份有限公司（TWSC，簡稱台智雲），其平台上已有福爾摩沙大模型（FFM，全稱 Formosa Foundation Model，是基於 BLOOM 開放模型但強化繁體中文能力而成）的預訓練模型可供運用，更後續也有基於 FFM-Llama 2 的繁體中文強化版可用。

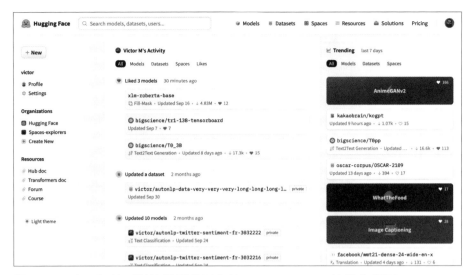

圖 75-1：人工智慧預訓練模型的匯集地 Hugging Face 的操作畫面。
資料來源：Hugging Face

▶76 人工智慧應用程式

　　AI 應用程式就是現成可用的 AI 軟體，且如同前述，有的是安裝在客戶端使用（本機端型態），有的是遠端呼叫使用（雲端型態）。

　　舉例而言，台灣瑞艾科技（RAI）有一套 AI 應用程式 Xcreen AI 可以安裝在用戶端，例如店面賣場，而後透過攝影機識別經過多少路人、路人特徵等，而後投放合乎其特徵的廣告，例如女生給化妝品、男生給啤酒，兒童則迴避提供啤酒廣告等。

　　另外，瑞艾科技另一套 AI 應用程式 iSeek 則屬於 SaaS 軟體服務，只要上傳影片圖像就能進行 AI 推論判定，例如判定有無配戴安全帽？有無火焰濃煙？以此來維護工地安全。iSeek 採訂閱制，每月每個影像源的推論套組為 1,299 元新台幣。

■ 更多訂閱型 AI 應用程式費率實例

　　前述屬於輸入影像資料，而後由 AI 判定影像，但還有各式各樣的 AI 應用，例如微軟 Azure 公有雲服務中有一項服務 Azure AI Speech capabilities，可以把話語轉文字、文字轉話語、把話語即時翻譯、即時識別發話者身分等。

　　語音轉文字而言，即時轉換的費用是每小時 32.253 元新台幣（標準版）；文字轉語音每 100 萬個字元收費 516.048 元新台幣（神經網路版）；語音翻譯每小時 80.64 元新台幣等；發話者身分識別每 1,000 次收費 322.53 元新台幣（這不含發話者預先錄音的設定存檔費、驗證費等）。

分析結果　　　　　JSON

已偵測到圖片中 1 張特徵，可點
擊上方圖片查看分析結果。

圖 76-1：瑞艾科技 iSeek 智慧工安 SaaS 訂閱制服務可上傳影像，並識別影
　　　　像中的人是否已佩戴安全帽、穿戴反光背心。
資料來源：瑞艾科技官網

▶77 雲端應用程式市集

今日多數人都已使用智慧型手機（smartphone），手機上有 App Store 或 Google Play 這類的應用程式市集（marketplace），直接在上頭搜尋想要下載安裝的 App（Application 應用程式），也可以先看一下 App 的介紹與風評，有些需要付費或之後再付費等。

類似的，由於有成千上萬的 SaaS 雲端服務分散於網際網路上，為了方便用戶統整找尋合用的 SaaS 服務，因而有了 SaaS 線上市集，差別是選用了某一個 SaaS 不需要下載安裝，只要申請帳號密碼就能從遠端登入使用，或者在公有雲上建立一個新的空間進行使用，且同樣有些免費、有些要付費。

■ 主要的雲端 SaaS 市集

目前網路上有許多 SaaS 市集，上頭不僅有一般的 SaaS 軟體服務，也有許多是 AI 應用程式服務。但是知名的 SaaS 市集幾乎都與 IaaS 公有雲商高度關連，例如 AWS Marketplace、Azure Marketplace、Google Cloud Marketplace。

不過也有許多在地業者發展自有 SaaS 市集，台灣如邁達特數位（TSE：6112，前身為聚碩）成立的 MetaMatch 雲市集，零壹科技（TSE：3029）的 AOD 隨選雲市集，或者數位發展部數位產業署的 Tcloud 雲市集。

市集經營者當然也不是單純免費服務，對於 SaaS 上架到市集，首先要向 SaaS 軟體商收取註冊費（一次或每年），真的要上架 SaaS 時或可能收取審查費，或者是用戶付費使用 SaaS 時市集商得以抽成分潤等，此商業模式類同於 App Store、Google Play。

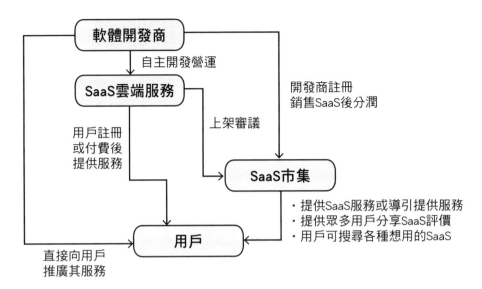

圖 77-1：雲端應用程式市集（SaaS）運作示意圖。
資料來源：作者提供

▶78 公有雲基礎建設即服務

前面談及公有雲服務型態中有一種為基礎建設（Infrastructure，有時也譯成基礎設施）即服務，可以使用公有雲業者的雲端儲存空間、雲端運算力，以使用多少與多久來支付費用。

這項服務對 AI 產業而言相當重要，因為要訓練出一個 AI 模型需要耗用很多的儲存空間、很龐大的運算力，但對中小企業而言很難有足夠的資訊預算去購買龐大的儲存空間（硬碟、固態硬碟）與運算力（電腦）。

而對大企業而言，雖然有預算可以購置強大的電腦與大量的儲存空間，但 AI 模型並不需要時時訓練，通常一年只訓練一次或若干次；非常穩定的 AI 應用甚至可能數年一次，訓練完後若沒有其他用途，就會導致大量運算力閒置、大量儲存空間閒置。

■ 國內外主要公有雲服務商

因此，更務實經濟的方式是需要訓練 AI 模型時，暫時使用公有雲的運算力、儲存空間，大量用、密集使用，訓練完成就退用，然後支付使用量、使用時間的價格。類似你不會為了唱歌買下 KTV 包廂跟所有你喜愛的歌的版權，也不會為了想練習揮棒買下大魯閣某個球道，而是偶一為之並付費使用。

很明顯公有雲業者會是 AI 受惠者，以國際而言，AWS、Azure、Google Cloud 為主；若堅持資料不離開台灣，在地也可選擇中華電信（TSE: 2412）、台灣大哥大（TSE: 3045）、台智雲等業者。

表 78-1：台灣主要資料中心業者及特點（任列舉兩項）

業者	主要說明
中華電信（TSE：2412）	・旗下數據分公司（簡稱數分）具有資料中心業務 ・VMware夥伴認證
台灣大哥大 （TSE：3045）	・七座資料中心機房 ・機房獲得世界級認證
遠傳電信（TSE：4904）	・ISO 27001、ISO 20000-1認證 ・CSA STAR最高階認證
是方電訊（TSE：6561）	・重要的網際網路交換點（Internet eXchage Point, IXP） ・母公司為中華電信
安碁資訊（TSE：6690）	・擁有宏碁集團桃園龍潭資料中心 ・可延伸提供專業資訊安全服務
數位通國際	・ISO 27001、ISO 27011認證 ・台北、汐止、高雄、泰國、荷蘭資料中心
雲高科技	・鴻海100%持股子公司 ・與NVIDIA技術合作提供服務
台灣智慧雲端服務 （簡稱台智雲）	・專長於高效能運算服務 ・專長於人工智慧運算雲端服務

資料來源：作者提供

▶79 人工智慧硬體加速雲端服務

前一篇是單純使用雲端的 CPU 來加速 AI 運算，但我們更之前也說明過，CPU 在 AI 運算的效能、功耗等方面，都不如 GPGPU、FPGA、ASIC。

故公有雲業者也購買 GPGPU 晶片／加速卡、FPGA 晶片／加速卡、ASIC 晶片／加速卡，放置於雲端機房內，供廣大的企業用戶申請租用，且同樣是用多少、用多久就支付多少費用。

■ 公有雲獨家加速晶片

由於特有晶片（相較於 CPU 尋常晶片）運算更快更省電，對用戶而言更快完成訓練，對公有雲業者而言可以用更省電的方式幫助用戶完成訓練，可謂是雙贏。

也由於愈來愈多企業倚賴雲端環境來訓練 AI 模型，大型公有雲業者著眼於長遠市場需要，也自己投入開發 AI 硬體加速晶片，亦即 ASIC，且自有開發的晶片不再外賣，完全只用於自家的公有雲服務上，成為獨有的雲端加速服務。

因此，AI 晶片商與公有雲商可說是既合作且競爭的態勢，合作的部分是若有企業無力負擔購買 AI 伺服器（機內配置 AI 晶片／加速卡），傾向租用 AI 雲端服務，則公有雲服務商也是晶片的買家。

而競爭的部分是，公有雲業者自己也有 AI 晶片，可能優先向客戶推銷自有 AI 晶片提供的加速服務，逐漸排擠 AI 晶片商的服務機會，可謂是短多長空，對此 AI 晶片商如何因應有待觀察。

表 79-1：國際三大公有雲商提供的 AI 加速晶片租
賃服務

		AWS	Azure	Google Cloud
GPGPU	NVIDIA	V	V	V
	AMD	V	V	
FPGA	Xilinx	V	V	V
ASIC	Intel	V		
	Graphcore		V*	

資料來源：作者提供
註＊：2022 年 10 月已下架

表 79-2：國際主要公有雲商自主研發的 AI 加速晶片

公有雲業者	晶片生產	加速取向	關係企業
AWS	Inferentia	推論	
	Trainium	訓練	
Google Cloud	Cloud TPU	不區分	
阿里雲 （Alibaba Cloud）	含光	推論	平頭哥半導體
騰訊雲 （Tencent Cloud）	紫霄	推論	
華為雲 （Huawei Cloud）	昇騰（Ascend）系列	推論	海思半導體

資料來源：作者提供

註 1：至 2023 年 10 月傳聞微軟（Microsoft）亦將推出自主發展的 AI 加速晶片。11月證實發表，稱為Maia100。

註 2：Meta 並非公有雲業者，但其社群服務需求運算量巨大，亦已投入自主研發AI 加速晶片，此同樣可能限縮專業 AI 加速晶片的銷售機會。

▶80 伺服器訂閱服務

由於多數企業認為自購伺服器來訓練 AI 模型代價昂貴或經常閒置，因而傾向租用公有雲，此使傳統伺服器的銷售動能開始減弱，故品牌伺服器商也開始嘗試反撲，推出伺服器訂閱制度。

伺服器訂閱類似手機電信綁約，承諾 30 個月內每個月支付 500 元，則可先取走手機；若手機較貴，電信商可能也要求消費者支付一筆頭期費用，而後持續走合約，合約內每個月 500 元可獲得通話、簡訊、上網等基本用量，超用則會額外計費。

類似的，企業用戶承諾未來多久時間內，每個月支付伺服器的基本使用費獲得基本用量，超用則要額外收費，合約結束後，企業可決議支付伺服器的殘值買下伺服器，或者退還伺服器，合約期間即形同租賃伺服器。如此企業的財務負擔減輕許多。

■ 品牌伺服器業者均已擁抱訂閱制

公有雲約在 2006 年開始，以 AWS 服務起算；伺服器訂閱制則晚 10 年，以慧與科技（NYSE：HPE）推出 HPE GreenLake 服務開始起算，之後其他品牌伺服器商如戴爾電腦（NYSE：Dell）、聯想（HKG：0992）、思科（NASDAQ：CSCO）等均有推出，分別稱為 Dell APEX、Lenovo TruScale、Cisco Intersight 等。

值得注意的是，品牌伺服器商會慎重選擇企業客戶來提供訂閱服務，畢竟企業若只支付一、二期就帶伺服器逃跑將會很困擾，故市場仍有限度。

HPE GreenLake類雲端體驗的落地型資訊系統

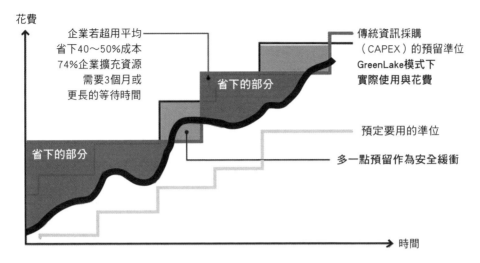

圖 80-1：HPE GreenLake伺服器服務示意圖。
資料來源：451 Research

▶81 代客撰寫、
開發人工智慧服務

烏俄戰爭俄羅斯方使用知名的瓦格納（Wagner）雇傭兵，前面談到晶片從無到有設計開發時程過久，因而可善用委外，透過晶片設計服務公司完成部分設計，好加速整體開發速度。

循此代打思維，也並非要每個企業或每個軟體商自己能完整開發撰寫、訓練出 AI 模型，尋求外部程式開發服務（development services, training services）公司也是可以的。

舉例而言，知名的國際資訊服務商高知特（Cognizant，NASDAQ：CTSH）即提供代企業訓練 AI 的服務，或國內也有伊雲谷（eCloudvalley，TSE：6689）具有專業技術團隊，可協助企業建置 AI 平台、方案設計、訓練模型、模型參數調教、商業情境訪談、模型上線佈署乃至營運等都提供服務。

■ 業務偏在地性、專案性

除了高知特、伊雲谷外，國內外還有更多資訊服務商、資訊委外服務商、商業服務委外商等可以提供 AI 代開發、代撰寫服務，不過國際級的業者通常以服務各國的大企業、集團企業客戶為先，因此中小型規模的企業可能需找尋在地資訊服務商。

此外，資訊服務偏向專案（project）性質而非產品性質，且需要用及較多專業人才，故其市場的成長性、擴展性，可能難以與可快速複製的 AI 軟體、硬體、雲端服務等產品（product）相比擬。

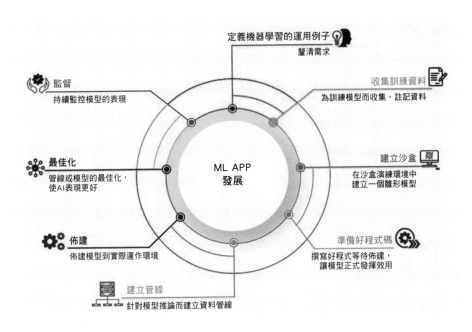

定義機器學習的運用例子
釐清需求

監督
持續監控模型的表現

收集訓練資料
為訓練模型而收集、註記資料

最佳化
管線或模型的最佳化，
使AI表現更好

ML APP
發展

建立沙盒
在沙盒演練環境中
建立一個雛形模型

佈建
佈建模型到實際運作環境

準備好程式碼
撰寫好程式等待佈建，
讓模型正式發揮效用

建立管線
針對模型推論而建立資料管線

圖 81-1：美國資訊服務商 Concat Systems 主張的 AI 解決方案。
資料來源：Concat Systems

▶82 系統整合商

　　除了代客撰寫開發外，也有偏向系統規劃、建置的資訊服務商，通常也稱為系統整合商（System Integrator, SI）。長期以來，系統整合商為企業用戶規劃、安裝、設定配置、維護資訊軟硬體系統，當然也包含 AI 系統。

　　例如企業用戶在雲端完成 AI 模型訓練後，希望下拉回自己的資訊機房進行持續的推論運作，但現有機房內的伺服器多已滿載，需要購置新伺服器，這時就透過系統整合商給予規格建議，以及之後的採購、運送、到府裝配、收取費用，並簽訂後續的系統維護合約等。此為較單純的例子，有些系統整合也牽涉到複雜的硬體整合（運算、儲存、網路）、軟體整合（會計系統、庫存系統）、資訊安全整合等。

■ 系統整合具高度在地性

　　嚴格而論，系統整合也屬於資訊服務領域，但比較偏向不開發撰寫程式的部分，部分國外研究機構會以 IT Services、IT Professional Services 來區分，而有些則合併不區分。

　　系統整合多數也屬於在地型服務，少數提供全球性的服務，系統整合也有領域專長之別，部分整合商擅長於硬體、儲存設備整合；部分擅長網路、資安整合；部分擅長系統軟體、商務應用程式整合等。

　　另外也有更初階的系統整合資訊服務，即街頭巷尾常見的電腦維修商，以及若干資料救援服務商，然此已與 AI 供應鏈商機略遠。

註：許多產業均有系統整合商，如航太產業、電信產業等，本文所談主要指資訊產業。

圖 82-1：2023 年 7 月 Statista Market Insights 推算 2023 年全球資訊服務業市場將達 1 兆 2,410 億美元，並預估 2023 年至 2028 年間的年複合成長率達 7.37%。

資料來源：Statista Market Insights

▶83 商業顧問諮詢

　　一個企業要導入 AI 並非說導入就導入，必須審慎評估導入花費的成本與獲得的效益，甚至必須與企業原有的商業策略相結合，或與產品、服務相結合等，而企業自身經驗有限，通常期望借助商業顧問諮詢業者的多年、多家企業的專業輔導經驗，以提高自身導入的成功性。倘若導入的成本超支、時程超時，或最終效益不如預期，均可視為導入失敗。

　　而 AI 導入所需的商業顧問諮詢也並非一般性的商業顧問業者，而是必須對資訊技術有深厚瞭解的服務業者，既然必須對商業管理、對資訊技術均有瞭解，能提供顧問諮詢的服務商也來自這兩種背景。

■ 國際主要專業服務商

　　以會計、商管背景出發的如國際四大會計事務所，即安永（Ernst & Young, EY）、資誠（PricewaterhouseCoopers, PwC）、德勤／勤業眾信（Deloitte）、畢馬威／安侯建業（Klynveld Peat Marwick Goerdeler, KPMG），以及埃森哲（Accenture，NYSE：ACN，前身為五大會計事務所之一）、波士頓顧問集團（Boston Consulting Group, BSG）等。

　　而以資訊技術背景出發的則有勤達睿（Kyndryl，NYSE：KD，前身為 IBM）、易思資訊（DXC Technology，NYSE：DXC，前身為 HPE 與 CSC）、凱捷（Capgemini，EPA：CAP，法國）、源訊（Atos，EPA：ATO，法國）、威普羅（Wipro，NSE：WIPRO，印度），以及之前提過的高知特（Cognizant，NASDAQ：CTSH）等。

與資訊服務業類似的，以上的國際知名業者以大型企業、集團企業為主要服務目標。

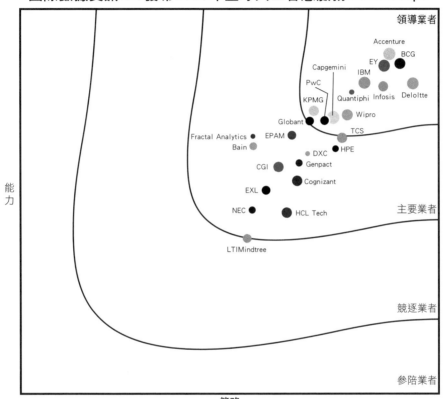

圖 83-1：2023 年國際知名市場調查研究機構國際數據資訊（International Data Corporation, IDC）發布的人工智慧服務 MarketScape，顯示市場中以BCG、Accenture、Deloitte 等高度領先者。

資料來源：BCG 官網

▶84 人工智慧的GRC市場

前面提到全球四大知名會計事務所提供 AI 顧問諮詢服務，但其實還有一塊可能是未來商機，即各國開始規範組織或企業不可濫用、誤用 AI，必須儘可能自律，倡導讓 AI 公平、透明、可信任、可解釋、可問責等，甚至開始訂立規範、認證與稽核，國家也開始訂立罰款罰則。

訂立新的規範，推行規範的輔導稽核認證等，今日一般稱為 GRC，即治理（Governance）、風險（Risk）與法規依循（Compliance）。目前歐盟對 AI 造成的傷害副作用採強硬態度，其他國家則仍採中度、輕度或自律態度。

■ 相關規範動向

針對 AI 運用的規範已開始有 ISO／IEC TR 24028：2020 之類的可信任要求，後續可能發展成認證，企業若期望使用 AI 又不希望被國家責罰，或某些客戶或夥伴要求需通過認證才能維持往來，如此則需要有先期輔導，甚至自律也需要一套框架指引等，這時前述的四大會計事務所即有著墨機會，可提供 AI 技術的各種 GRC 顧問諮詢服務。

除了商業顧問諮詢業者外，一旦發展成需要稽核認證的規範，則許多檢驗測機構也會有商機，以國際知名而言，如德國萊因集團（Technische Überwachüngsvereine, TÜV）、英國標準協會（British Standards Institution, BSI）、法國 Bureau Veritas、瑞士 SGS（Société Générale de Surveillance）等。

當然也會有許多在地的檢驗測機構可以輔導企業進行整備，而後才進行正式稽核，以便通過 AI 相關的規範認證。

圖 84-1：KPMG 於 2020 年即開始主張與推廣「可信任的人工智慧」模型。

資料來源：KPMG

▶85 配銷、分銷商

Distributor 中文有多種翻譯，包含代理商、經銷商、分銷商、配銷商等，在此暫定為分銷商。多數分銷商為在地性業者，少數為區域性業者、國際性業者。

分銷商兼具金流與物流角色，先定期大宗承接資訊軟體、硬體大廠（或稱原廠）的產品，並預先支付費用給軟硬體大廠，產品放入庫存，而後有系統整合商（System Integrator）、經銷商（reseller）、零售商／零售店家（retailer，有時會跳過經銷）等有需求時，分銷商再依據其需要（通常為零星、少量、不定期）提供產品並收費，猶如銀行、倉庫的轉圜、水庫調節角色。

■ 國內知名資訊分銷商

分銷商其實廣泛存在各種產業，但在此我們指資訊產業，台灣資訊產業的主要分銷商有精誠（TSE：6214）、邁達特（TSE：6112）、零壹（TSE：3029）等，或者已屬聯強集團（TSE：2347）旗下的群環科技，以及其他分銷商。

一般而言，國際資訊原廠剛拓展某一國區市場時，會讓該國區的分銷商獨家代理，而後可能為了良性競爭而允許兩家代理，或市場高度看好時則允許三家代理，較少情況為超過三家代理。

另外，有些區域（例如中東）會出現單一分銷商跨三、四國經營，或在美國極大的連續市場中，沃爾瑪（Walmart）、百思買（Best Buy）等超級連鎖業者其能耐已與分銷商無異（在此以大宗成熟資訊硬體產品為例），分銷層次沒有一定，全然看通路實力。

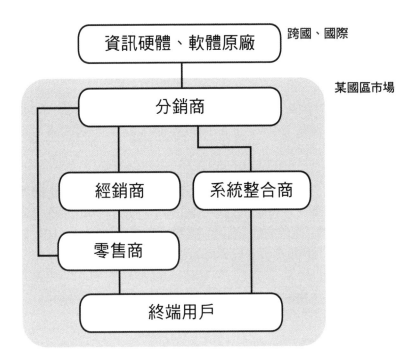

圖 85-1：分銷商在各國市場中扮演金流、物流轉圜、水庫調節
　　　　角色。

資料來源：作者提供

▶86 人工智慧教育與技能認證

　　AI 需要人去架構、撰寫、試行，人則要受訓才能掌握 AI 開發技能，但由誰來傳授技能？誰來認證技能？就牽涉到教育訓練與認證機構。

　　以國內而言，具有實體教室的資訊技能教育訓練機構如恆逸資訊（屬精誠集團）、巨匠電腦、聯成電腦等，一些課程為單純課程，一些則是針對通過技能認證目標的課程，例如「AI-102 設計和實作 Azure AI 的解決方案（Designing and Implementing an Azure AI Solution）」即是為了通過 AI-102 認證而有，通過即可獲得微軟認證的 Azure AI Engineer Associate 認證，證明該學員有能力運用 Azure 公有雲服務的環境與工具來開發、實現 AI。

■ 國外線上課程與認證

　　除了國內實體課程外，也有許多國際線上課程，例如 Coursera、Udemy 等。完成課程、作業與測驗後可取得認證，認證甚至可連結到英領（LinkedIn）上，包含英領自己都有提供 LinkedIn Learning，如此在求職、轉職時也有加分效果。不過國外線上課程很多尚未具備中文字幕，需考驗英聽能力。

　　不過 AI-102 認證仍難脫業者方案色彩，國外線上課程與認證也較有語言障礙，然國內也有推行相關認證，例如企業人才技能認證（Techficiency Quotient Certification, TQC）即有 AI 應用與技術認證，分成 AI1／AI2／AI3（實用／進階／專業）三個層次。

　　或者 TIPCI 台灣國際專業認證學會也提供 AI 應用能力認證，或 ARTiBA（Artificial Intelligence Board of America）也在推廣 AIE（Artificial Intelligence Engineer）認證，教育與認證亦有其市場。

圖 86-1：TQC在專業知識領域類有6種認證，其一即為人工智慧應用與技術認
證。

資料來源：TQC 官網

▶87 營運技術型人工智慧

　　前面談到應用程式市集、系統整合商、分銷商、代客撰寫服務、顧問諮詢等,其實都是以資訊技術(Information Technology, IT)的角度來談 AI 產業。但更前面也與各位提過,AI 除了在企業資訊機房端、雲端外,也逐漸進入營運現場,即前述的 Edge AI、TinyML。與營運現場有關的其實稱為營運技術(Operational Technology, OT)。

　　更確切地說,OT 是許多種產業的集合稱呼,例如工廠產線現場是一種、運輸系統軌道現場是一種、手機通訊的高樓基地台現場是一種,看護病床前也是一種,這些現場都用這個產業獨有特有的設備在營運,現在 AI 技術也開始要進入這些現場營運設備內。相對於 OT,IT 就只有一種,即透過標準電腦、標準網路所構成的系統與環境。

■ 全部再複製一遍

　　前面談到分銷、系統整合,跨了一個產業就由不同業者負責,負責伺服器分銷的業者不同於工控電腦、無人搬運車的分銷業者,也不同於基地台設備的分銷;而要進行系統整合,熟悉醫療自動化系統整合的業者,恐怕不熟電信領域的系統整合。簡言之,隔行如隔山。

　　針對工控電腦,想當然是研華電腦(TSE:2395)、研揚科技(TSE:6759)等十餘家台股業者,工廠系統整合則有盟立自動化(TSE:2464);雖然行動通訊核網(Core)設備開始朝資訊化方向融合發展,但短期內依然有很大的跨入門檻。

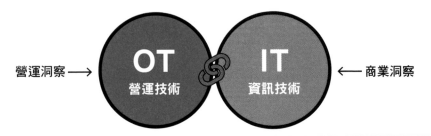

營運洞察 ⟶ **OT** 營運技術 — **IT** 資訊技術 ⟵ 商業洞察

	主要參與者	
營運長、工程師、技術人員、營運人員	主要參與者	資訊長、電腦科學家與資訊系統人員、電腦玩家
可用性、零停機、安全、資產保護	業務優先權	資料完整性與機密性、資訊管理與管控
控制系統、物聯網、感測器、致動器、監督、老舊遺產系統、外部資料來源	組件	企業資源規劃、客戶關係管理、資訊服務台、資產管理、服務導向架構、雲端
嚴苛環境	環境條件	舒適空調
階層式	連接	任何連接到任何
狀態	情境	成本
位置	視覺化	單據
條件	預測	限制
事件	監督	規格
實體存取控制、安全	防護	資訊安全、資料保護
不停機、關鍵任務	資安攻擊回應	惡意攻擊偵測、透過關機緩解威脅

圖 87-1：資訊技術、營運技術領域大不同。
資料來源：The BOT 顧問集團

▶88 新創、創投、加速器、孵化器

這方面其實毋需多言，鼓勵創業為近年來的全球運動，有關 AI 技術議題的創業自然不在話下。事實上 AI 可以運用的領域非常廣泛，可說是 AI Everywhere，還有許多是本文談及的既有產業環節中所沒有，並等待摸索開發的。

也由於 AI 新創非常多，對此或可參考 CB Insights 的年度 AI 100 來評估投資，亦即 100 家最具潛力的 AI 新創業者。當然，若有知名的天使（angel）投資人、創投（Venture Capital）等投資的新創也值得留意，如過去投資 Google、YouTube 的紅衫資本（Sequoia Capital）等，以及許多重量級科技公司內部的策略投資部門，如 Intel Capital、Qualcomm Venture 等。

■ 加速器、孵化器也值得觀察

除了天使投資人、知名科技創投、科技大廠投資部外，知名的新創加速器（Accelerator）業者、新創孵化器（Incubator，中文有時翻譯成育成中心）業者，在把新創輔導上基本軌道後，也會對認為有前景的新創進行投資，這同樣是一項參考指標。

國外指標性的加速器、孵化器業者有 Y Combinator（簡稱 YC）、Techstars、StartX（由史丹佛大學支持成立）等，國外網站上也能查詢到哪些新創獲得他們的投資，包含參與第幾輪投資、投資金額、是否為領投（引領投資）等，都可以作為跟進投資的評估參考。

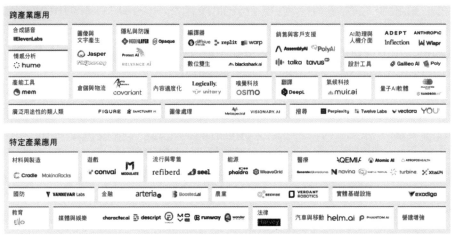

圖 88-1：2023 年 6 月 CB Insights 發布的 100 家 AI 指標性新創業者。
資料來源：CB Insights

▶89 人工智慧研究單位與專案社群

　　前面談到大型科技公司的策略投資部，事實上大型科技公司除了重視策略投資外，也重視先期技術研究。英特爾（Intel）既有Intel Capital，也有Intel Research，高通（Qualcomm）既有Qualcomm Venture，也有Qualcomm AI Research，其他也有IBM Research、微軟（Microsoft）Research等。

　　這些先期研究一旦成功商業化，就可以立刻運用科技大廠原有的產業鏈、原有的客戶通路來開展市場。因此，從投資跟蹤的角度而言，除了關注大廠可能購併哪些業者以取得新技術、新客戶外，大廠研發部門是否發布突破性發展的新聞稿，也是值得關注。

■ 開放專案社群值得關注

　　科技大廠的研究部門不從事立即可以換成產品、服務的研發，已經比較沒有商業性，而開放專案社群就更沒有商業色彩。但是，今日不僅企業管理營運要重視更廣泛的利害關係人（Stakeholder），投資亦然。

　　利害關係人當然非常多面向，投資上不可能全部關注，但對於資訊技術領域而言，一定要關注開放原始程式碼（Open-Source Code，今日慣稱開放原碼）領域的專案（project）與社群（community），這是連科技大廠都不敢忽略，甚至是要多多借重倚賴的，以利其技術與產品的推行。

　　事實上，之前提過的AI框架幾乎全部以開放原碼、社群形式持續改進提升，愈多人擁護的專案與社群往往也有較高的市場成功性，故不可忽視。

表 89-1：2023 年前 20 大（以 GitHub 得星數計算）開放原始程式碼的 AI 專案

#	開放原碼專案名稱	GitHub得星數	簡述
1	TensorFlow	172,000	機器學習框架
2	Hugging Face Transformers	84,400	預訓練模型
3	OpenCV	67,100	電腦視覺工具
4	PyTorch	63,600	機器學習函式庫
5	Keras	57,500	機器學習函式庫
6	Stable Diffusion	45,100	文字轉圖像的擴散模型
7	DeepFaceLab	37,800	比DeepFake更強大的AI偽造技術
8	Detectron2	23,800	電腦視覺函式庫
9	Apache MXNet	20,300	深度學習框架
10	FastAI	23,500	深度學習函式庫
11	Open Assistant	18,300	聊天式大型語言模型
12	MindsDB	14,100	連接資料庫與AI框架
13	Dall E Mini	13,800	文字轉圖像的生成器
14	Theano	9,700	函式庫與最佳化編譯器
15	TFlearn	9,600	深度學習函式庫
16	Ivy	9,400	機器學習框架
17	YOLOv7	9,200	即時物件偵測模型
18	FauxPilot	8,000	程式碼撰寫助理
19	PaddleNLP	7,900	自然語言處理函式庫
20	DeepPavlov	6,100	對話式AI函式庫

資料來源：Web3.Career

▶90 關注人工智慧技術的複合應用

前面所談多單指 AI 技術相關產業與產業鏈，但今日產業邊界已日漸模糊，經常出現破壞式創新（disruptive innovation，或稱顛覆、另立式創新）、跨業競爭者，改變遊戲規則，進而重塑市場成為贏家。

因此，AI 確實改變了原有資訊軟硬體產業，但 AI 也可能與其他新興的數位技術相結合、搭配運用，從而成為更大的競爭優勢。例如本書談及的 Edge AI、TinyML，更廣義而言，即是將物聯網（IoT）與 AI 相結合，即 AIoT，這是目前 AI 與其他技術主張相融合運用的一個成功例子。

■ 探索更多AI融合機會

很明顯的，循上述路線與模式 AI 可以與更多其他技術相結合，如在應用章節中所提到的自駕車、無人機，後續是否也可能與量子（Quantum）運算、量子通訊、量子感測等技術結合運用？或者是與增強實境（AR）、虛擬實境（VR）、數位雙生（Digital Twins）、元宇宙（Metaverse）等沉浸式體驗技術結合？

或是與區塊鏈（blockchain）、分散式帳本技術（Distributed Ledger Technology, DLT）結合？與 3D 列印結合？或與 5G、6G 行動通訊結合？或與各種應用領域的新數位技術結合，如金融科技（FinTech）、醫療科技（MedTech）、教育科技（EduTech）、政府科技（GovTech）等。

事實上各類技術也在相互融合，6G 的後期標準已提議放入衛星量子通訊技術，5G 也早已引入邊緣運算（Edge Computing）等，故期待 AI 有更多的變化可能。

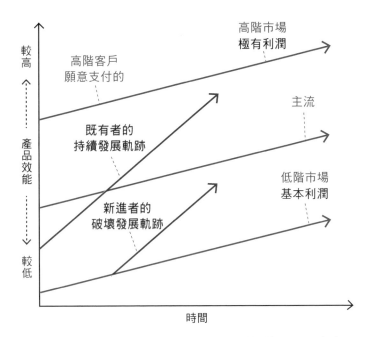

圖 90-1：破壞式創新示意圖，破壞式創新總是從原有市場
中的初階應用開始滲透，而後逐漸挑戰主流。

資料來源：Clayton M. Christensen, Michael E. Raynor, and
Rory McDonald

▶91 現階段人工智慧某些應用不合適

　　AI 不是萬能，AI 是以歷史資料為依據所訓練成，且僅為初具人類研判智慧的自動化系統，用於幫人類分憂解勞，特別是在一些只需要簡單判斷，但卻量很大、很快、時間很久的工作上，畢竟資訊系統是機器，能夠比人類更快工作、更耐久工作。

　　既然是以歷史資料為依據，那麼歷史資料的樣本（sample）數就要多，以此訓練成的 AI 才能發揮效用。另一方面，因為現階段的 AI 技術僅能實現初步的人類研判智慧，所以情境狀況太多的場合也不適合使用 AI。

　　針對歷史資料掌握與情境複雜度，已故 AI 專家陳昇瑋即主張用象限方式衡量 AI 應用的合適性，以歷史資料數多寡為橫軸，以需要判斷的情境是單純、是複雜為縱軸，則 AI 是以資料多、情境單純為最理想的應用，如車流計算、車牌識別等。

　　退而求其次，如果情境多變，但至少仍有大量資料為依據，如此依然有可能運用 AI，例如自駕車、對話機器人等。或者是情境單純，但資料量有限，也有部分 AI 應用屬於這類，例如設備故障預測、最佳排程預測等。

　　至於現行掌握的資料量少且情況多變者，則最不適合使用 AI，例如預測戰爭、預測颱風路徑等。不過，日後若資料量累積夠多、運算力大幅成長、或新演算法發表等，則可能再次拓展 AI 適合的應用範疇。

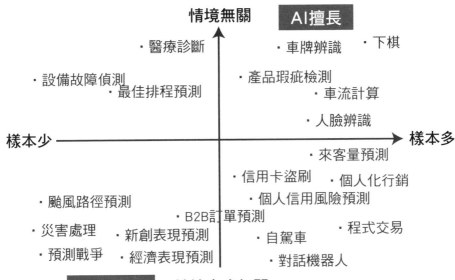

機器學習擅長解決什麼問題？

圖 91-1：以四種情境衡量 AI 應用的合適性。
資料來源：陳昇瑋

▶92 熱詞濫用傷害人工智慧產業正常發展

科技產業每隔一段時間即有時髦的新詞，過去有數位、e 化、雲端，乃至近年來的量子、區塊鏈、AI 等，但這些刷新大眾觀感的新詞卻經常有被誇大使用、浮濫使用的情形。

例如過去數位（digital）一詞興起時，即便有人把一般牛皮紙袋冠上「數位」二字，變成數位牛皮紙袋，再隨意加上一些促銷術語，也是可以造成一波熱銷。

或者區塊鏈、比特幣一詞也是熱詞，又如 2018 年台中地檢署即偵破一起比特幣吸金案，「IRS 國際儲備集團」以賺取比特幣價差為引誘，短短 9 個月吸金達 15 億元新台幣，受害民眾達上千人。

或 2019 年中國大陸出現所謂的「量子波動速讀」，宣稱運用 HSP 高感知力，使學員可以在 1 分鐘內閱讀 10 萬字，之後受到大陸執法、監管單位的關注，最終 2020 年由教育相關單位要求多家標榜量子波動速讀的培訓機構停業。

以上假借科技時興名詞招搖撞騙的結果是，大眾對於該類詞句產生戒心，有更多的疑慮與觀望，反而使真正的技術發展得不到支持，或得到較少、較慢的支持，從而影響業者成長及產業發展。由於相同情事一再重演，故 AI 一詞也不免遭有心者濫用，進而影響其正常發展。

圖 92-1：台中地檢署破獲跨國集團以比特幣名義吸金案。
資料來源：中時新聞網

圖 92-2：因近年來「量子」一詞熱門，培訓機構以「量子波動速
　　　　讀」之名招攬學員。
資料來源：香港01

▶93 演算法持續提升也給硬體帶來風險

AI 硬體晶片在進步，但 AI 軟體演算法也在進步。根據 IBM 的研究，以神經網路的權重（weight）值而言，過往需要使用 32 位元的精度進行訓練，以及可用 16 位元的精度進行推論。

然僅經過數年，AI 已可用 16 位元進行訓練，並以 8 位元進行推論，而且有持續簡化的趨勢。如此，原本是針對 32 位元精度最佳化的訓練型 AI 晶片，以及針對 16 位元精度最佳化的晶片，反而成了大而無當，新推出的 AI 加速晶片針對更簡單的精度最佳化設計，功耗與效率均比舊晶片佳，原有的優勢大打折扣，這是晶片商的風險。

■ 技術洗牌從未間斷過

另外業界也提出新的權重格式 BF16，是 16 位元但卻是浮點數而非整數，這同樣對原有的晶片設計帶來新的挑戰。

同樣的，一般認為需要龐大運算力的大語言模型（Large Language Model, LLM），已有許多人開始提出簡化作法，一些新發起的專案標榜只要消費性運算力（例如一張顯示卡）就能達到龐大運算力相仿的效果，如鬣狗（Hyena）標榜只需要 GPT-4 的百分之一運算力就有相近效果。

或有 SpQR（Sparse-Quantized Representation）技術可大幅壓縮大語言模型，如此很快又在硬體晶片、硬體系統領域產生洗牌效果。故硬可能改變軟，軟可能改變硬，競爭又快又多變，既有機會也有風險。

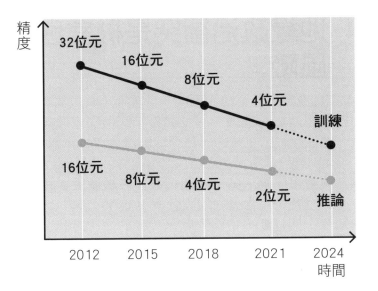

圖 93-1：2021 年 IBM 研究指出 AI 的訓練、推論精度均持
　　　　續往下發展。

資料來源：IBM Research

▶94 地緣政治衝突是機會也是風險

2014 年烏克蘭顏色革命後不久，俄羅斯出兵攻佔克里米亞，美國等西方對俄羅斯重新戒備，而 2018 年底美國也發起對中國大陸的貿易戰，過往冷戰結束後的各種全球經濟合作，重新有了變數。

美國為了封阻中國大陸的崛起，祭出多種制裁，特別是阻止高階晶片技術的發展，包含晶片的設計與製造等，設計上如祭出 EDA 軟體商的禁令，期望斷絕中國大陸晶片商的晶片設計工具；製造上如祭出 EUV（極深紫外線）光刻機供貨至中國大陸，期望將製程技術限縮在現狀。

■ 是機會？是風險？

若過去冷戰時代的鐵幕陣營另闢蹊徑發展自有晶片設計、製造技術，另立具有另一波發展機會，但同時，過去全球化規模的量價均攤效益將減弱，中俄無法受惠，西方也同樣受若干衝擊。

另外烏俄戰爭爆發後，各界對氖等惰性氣體的輸出高度關切，半導體的生產製造上需要倚賴這類氣體；而中國大陸在接連承受數波美方抵制後，也以「停止輸出鎵、鍺等半導體需求的元素」為回擊，不再是一味地承受制裁。

以上的發展，除了不利 AI 晶片發展外，各國的壁壘也會影響高階運算系統的輸出管制，AI 系統自然也會在管制內，使開發、銷售有更多變數。

圖 94-1：2018 年 10 月 Bloomberg 彭博旗下的 BusinessWeek，封面以 The Big Hack 為題報導中國大陸代工組裝的伺服器內有不明晶片，會竊取客戶的機密，之後不久也爆發中美貿易戰與各種衝突。

資料來源：Bloomberg

▶95 人工智慧的社會負面影響

　　前面曾提到連駭客都懂得運用 AI 來強化入侵技術，已經是一個 AI 惡用的社會負面影響，但有更多的負面問題後續可能衝擊影響 AI 產業的發展。

　　例如人們趨向輕鬆簡單的方式得到解答、取得資訊，現今人們已高度倚賴 Google、Facebook，但其演算法細節未公開，業者有機會、有可能刻意操弄引導人群，類似的問題也會在 AI 上。例如過度相信 ChatGPT 的回覆，或者有心人士刻意誤導 ChatGPT，使 AI 獲得錯誤的學習，從而傳播偏差、誤導的資訊。

　　另外，因為生成式 AI 具有內容產生的便利性，有可能助長學生抄襲，影響學術倫理，且 AI 目前的訓練資料來自開放的 Internet，有可能已經收集與使用具有版權的內容，從而侵犯版權，或間接傷害著作權、智財權權益，對創作者帶來打擊。

　　或者，南韓大企業三星（Samsung）已因員工與 ChatGPT 文字交談而不慎洩漏公司機密資訊，個資與商業機密等受 AI 侵害也讓人擔心。

　　此外，AI 模型是透過各種特徵進行計算而獲得研判結果，以影像辨識而言，是可以在臉上貼些點狀、條狀黑色膠帶等，從而讓 AI 無法識別該人。類似的作法若用於惡用，是可能可以在交通告示牌上或告示牌附近的景觀上，刻意佈置特別的景象，從而讓自駕車的 AI 系統誤判，導致錯誤操駕與車禍。

　　最讓人擔心的是 AI 取代人導致大量失業，此也有待更多社會學專家探討研究。

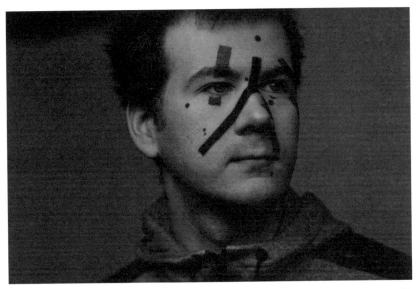

圖 95-1：臉部貼上若干點狀、條狀貼紙，可混淆 AI 臉部識別的模型、演算法。

資料來源：South China Morning Post

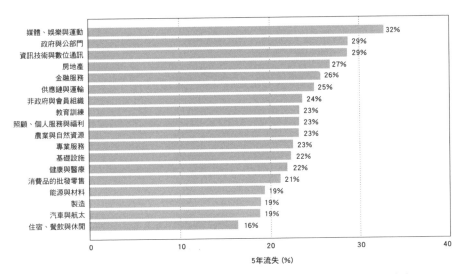

圖 95-2：世界經濟論壇（WEF）2023 年未來工作調查，5 年內將有 8,300 萬個結構性失業。

資料來源：WEF

▶96 耗能人工智慧、血汗人工智慧

　　從道德觀點出發，AI 也有若干爭議，特別是環保、人道方面。

　　先說環保，AI 需要強大的運算力、龐大的儲存空間才能實現，即便使用硬體加速器也是一樣，都需要高耗能，且雲端運算需要強大的空調散熱系統，需要大量耗水，估計 AI 會揹上吃水、吃電怪獸的名號。

　　不過不是只有 AI 這項新技術耗電，先進的半導體製程在光刻機上也是耗電，5G 行動通訊也比過往 4G／LTE 耗電，區塊鏈技術的分散式運作也比傳統集中式耗電。

　　再說人道，根據《時代雜誌》報導，快速竄紅的 ChatGPT 在模型訓練上有雇用非洲肯亞的外包工，每小時僅 2 美元工資，勞工要對大量文句資料進行標註（Labeling，或稱標記），即資料標記員。不僅在肯亞，在烏干達、印度等地也有相同的血汗 AI 工作者。

　　《時代雜誌》也揭露，ChatGPT 的開發公司 OpenAI 是與舊金山一家外包商 Sama 簽約，委託其雇用時薪 12.5 美元的標記員，但 Sama 公司真正給標記員僅 1.32～2 美元。工作內容是每小時平均閱讀與標記 2 萬個單字，一天工作 9 小時，且標記文句通常為有害性文字，以避免影響 AI 訓練，人工長期閱讀這類文字對心靈有害，如歧視、虐待、亂倫等字眼及描述。

　　Sama 方面也發出聲明，報導聲稱標記員 9 小時看 250 篇文章，但其實為 70 篇，標記員稅後工資在每小時 1.46～3.74 美元間。不過之後 OpenAI 與 Sama 提前解除合作。

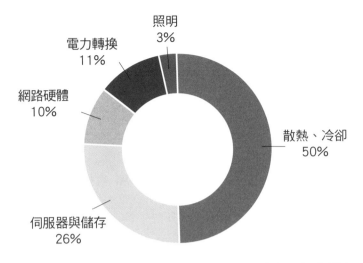

圖 96-1：資料中心在冷卻、伺服器運算及儲存上耗用極多電力。
資料來源：Data Power Technology Group

圖 96-2：Datanami 網站報導宣稱，Sama 在 2019 年開始在肯亞的基貝
拉貧民窟（Kibera Slum）招募標記員，宣稱可以幫其脫貧
資料來源：Wikimedia Commons

▶97 人工智慧人才不足、人工智慧技能落差

　　與今日就業市場相同的，缺工與學用落差一直是兩大困擾問題，而這也同時出現在 AI 領域，很可能是 AI 產業鏈發展的一項隱憂。

　　2022 年 3 月美國富比士（Forbes）一篇專文報導標題即用上《The Scarcity Of AI Talent（AI 人才的稀缺）》字眼，另外英國金融時報（Financial Times）也有一篇 IBM 的合作專欄（名為 Partner Content），標題為《Closing the AI skills gap》，由此可見 AI 人才（量）缺乏，AI 人才技能水準不夠（質）都是隱憂。

　　英美如此，台灣也不能免，2023 年 7 月《數位時代》的報導，104 人力銀行調查國內就業市場有超過 2.6 萬個 AI 相關職缺，且有六成集中在半導體、電子、資訊等科技產業，次之為一般製造業，其他包含金融、專業服務、批發零售等亦有需求。

　　另外數位部產業署也進行產業調查，2022 年 AI 專業人才的供需方面，有 56%受訪企業表示現行就業市場的 AI 人才供給不足，40.7%認為供需均衡，只有 3.2%認為人才充裕。

　　關於人才不足、經驗不足的影響或許有過往例子可參考，過去筆記型電腦的外觀設計曾流行使用膜內漾印技術，然該生產技術集中在日本業者，在筆電業者大量下單後，日本生產商也對應購買新設備、擴充產線產能。然而老經驗的漾印師傅有限，新產線雇用的新師傅經驗尚不足，品質與良率不佳，因此產能未能快速提升，甚至有筆電商不耐等候放棄下單。

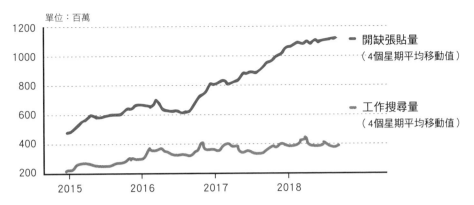

單位：百萬

圖 97-1：路透社（Reuters）引用 Indeed.com 的調查也顯示，AI 人才供需落
差持續擴大。

資料來源：路透社

當你要推動AI／ML時最大的障礙是？

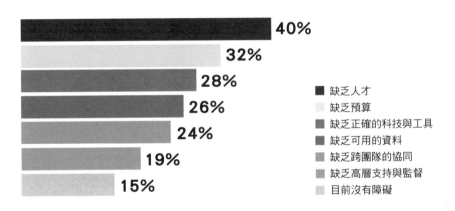

- ■ 缺乏人才
- ▨ 缺乏預算
- ▨ 缺乏正確的科技與工具
- ▨ 缺乏可用的資料
- ▨ 缺乏跨團隊的協同
- ▨ 缺乏高層支持與監督
- ▨ 目前沒有障礙

圖 97-2：Snaplogic 委託調查，受訪單位有 40% 表示推動 AI 的首要門檻
是缺乏技能人才。

資料來源：Snaplogic

▶98 再次落入搬箱、笨水管處境

多年來資訊產業、通訊產業各有一句貶意俗語。

資訊領域有所謂的「Box Moving（搬箱）」，意思是只負責組裝、製造，但未能掌握關鍵專利、關鍵技術、關鍵零組件。假設晶片進口成本 100 元，透過板卡、機殼層面的設計組裝，整機系統賣 110 元，其中料件 4 元，最終賺取 6 元，而晶片商可能成本為 45 元，最終賺取 55 元，如此等於只是搬箱過水，只能賺取薄利。

類似的，通訊領域有所謂的「Dump Pipe（笨水管）」，意思是網路服務商購買昂貴的通訊設備，從而建置通訊系統並實現通訊服務，而後向用戶收取微薄的通訊費，在基礎通訊之上傳遞的軟體、內容等則不涉獵，然而軟體、內容才是真正高利潤空間所在。

由此可知，雖是親身參與高利潤、高成長的科技產業，但卻未能佔據真正的關鍵位置，導致進入門檻低、替代性高，進而從營運效率（更低價、更快的交期、更少的訂量也能出貨）、關係服務（客製、工程師進駐就近服務）等方面持留客戶，反而離關鍵位置更遠。

或者，有業者僅想以科技熱詞的盛名抬高自身，於側邊敲鑼打鼓，未真正投入新領域，以上類型的業者或處境者，若對其投資，基本面上將難有高成長、高獲利表現，投資者應謹慎觀察評估，業者多不會坦言自身處於尷尬的薄利位置，AI 產業與 AI 供應鏈亦然。

表 98-1：無論典型伺服器、人工智慧伺服器，料件清單中前五
項的高單價項（表中粗框部分）均不是台廠技術自主
項、擅長項，台廠只能從第六項開始往下的範疇介
入，並衝刺生產量以求利潤

	人工智慧伺服器	典型伺服器
型款、規格	NVIDIA DGX H100	Intel Xeon
中央處理器（CPU）	5,200	1,850
8GPU＋4 NVSwitch基板	195,000	-
記憶體	7,860	3,930
儲存	3,456	1,536
智慧網卡（SmartNIC）	10,908	654
機座（外殼、背板、纜線）	563	395
主機板	875	350
散熱（散熱片＋散熱電扇）	463	275
電源供應器	1,200	300
組裝與測試	1,485	495
加價	42,000	689
加總	269,010	10,474

資料來源：SemiAnalysis，2023 年 5 月

▶99 人工智慧可能修正或泡沫

前面已提到，AI 熱潮並不是近年來獨有，嚴格而論已是第三波，此前在上世紀 50 年代、80 年代各流行一波，故投資 AI 產業鏈，也必須考量到有可能整體技術與產業再次冷卻沉寂的可能。

第一次 AI 熱潮消退是低估了技術的難度，當時無論硬體效能、演算法等都還處於高度前期發展階段，第二次 AI 熱潮消退是對目標期許過高，期望達到如人腦一樣的高度智慧，自然也難實現。

■ 第三次熱潮仍難擺脫過熱的可能

近年來的第三次熱潮似乎已較前兩次務實，軟硬體更到位，期許也有所調整，AI 確實能程度性為人類分憂解勞，在一些簡單、初步判斷的工作上改用 AI，特別是今日資通訊技術普及運用，資料量暴增，更是必然要運用 AI 代勞。

即便第三次的泡沫可能性已有所減，但依然難擺脫過熱的可能，各種技術的初展露與再興均可能被過度期許，而後經時間驗證、廣大市場的驗證，逐漸修正到務實位置，即便如此也有程度性跌落。

對此或可用全球知名產業研究機構 Gartner 提出的「Gartner Hype Cycle（技術成熟度曲線）」來詮釋，橫軸代表技術滲透時間，縱軸代表各界對技術的期許。初期會歷經一段高峰（快速），而後務實修正（快速），最終通過實證考驗後再次上行（緩步）。

不過技術發展總是讓人難捉摸，技術仍可能在 Hype Cycle 的任一階段就冷卻，如比爾蓋茲（Bill Gates）曾言：「人總是對技術的短期發展過於樂觀，而對長期發展過於悲觀。」曾經的世界首富對技術預測也難有規律定論。

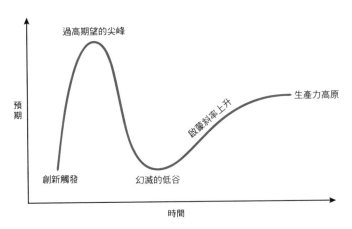

圖 99-1：Gartner Hype Cycle 主張新技術會歷經高度
期望到務實成熟的歷程。
資料來源：Gartner 官網

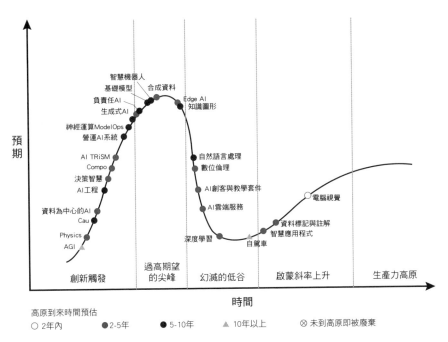

圖 99-2：2022 年 Gartner 針對 AI 技術提出的 Hype Cycle 評估。
資料來源：Gartner 官網

▶ 100 人工智慧產業發展的隱憂

　　AI 看似一切美好，但其實已有負面影響浮現。2020 年 Netflix 紀錄片《Coded Bias（編碼偏見）》（繁體中文或許該翻譯成程式撰寫偏差）談論到幾個問題，例如 AI 從前期的模型訓練階段所用的資料就有偏差，連帶的後續判斷執行也有偏差；像是黑人女性的臉部資料過少，臉部識別經常不過關，或西方機場的臉部識別系統因太少的亞裔面孔訓練資料，同樣不易識別成功，如此易產生受歧視的不悅感。

　　或者，AI 演算法可能成為當權者要大眾輕易信服的新公權力，實則新威權，並且已有德州中學教師過往教學獲獎無數，但在校方導入 AI 演算的教學績效系統後，系統判定教學成效低落應解僱，得到判定結果最初教師產生自我懷疑，最終走向訴訟質疑 AI 演算過程與公正性。

　　類似的，歐盟對新科技可能導致的副作用採積極立法監管態度，例如無人機墜毀傷害當究責罰鍰，AI 技術亦是如此。2023 年 6 月通過人工智慧法案（Artificial Intelligence Act, AI Act）以監管 AI 技術運用；而更之前的 2017 年 8 月也有全球眾多專家發起自律原則，主張不當誤用、濫用 AI 技術；至 2023 年 6 月已累積 5,720 名專家連署，甚在 2023 年 4 月要求暫緩發展 AI。

　　更廣義而言，社會大眾期望 AI 具有不帶歧視的公正性，演算法可公開受大眾檢視且可合理解釋，甚至在 AI 造成社會傷害時，能明確究責與配套補償，以及 AI 程式設計師、開發工具、開發團體等能自律並接受內外部稽核。以上立意均期望整體社會審慎良善推進，但也可能若干壓抑 AI 產業的發展步調。

圖 100-1：美國紀錄片 Coded Bias 談及 AI 造成歧視、AI 造成人民權益受損
等議題。

What is the EU AI Act?

The AI Act is a proposed European law on artificial intelligence
(AI) – the first comprehensive law on AI by a major regulator
anywhere. The law assigns applications of AI to three risk
categories. First, applications and systems that create an
unacceptable risk, such as government-run social scoring of the

圖 100-2：歐盟 AI 法案官網
資料來源：歐盟AI法案官網

台灣廣廈 國際出版集團
Taiwan Mansion International Group

國家圖書館出版品預行編目（CIP）資料

100張圖搞懂AI人工智慧產業鏈：讓你全面了解AI的技術及運
用，無論投資、職場都能領先群倫！／江達威 著，
-- 初版. -- 新北市：財經傳訊, 2023.11
　面；　公分. --（through;25）
ISBN 978-626-7197-39-4（平裝）
1.CST: 人工智慧　2.CST: 產業發展

312.83　　　　　　　　　　　　　　　112014693

財經傳訊
TIME & MONEY

100張圖搞懂AI人工智慧產業鏈：
讓你全面了解AI的技術及運用，無論投資、職場都能領先群倫！

作　　　者／江達威

編輯中心／第五編輯室
編 輯 長／方宗廉
封面設計／林珈仔
製版・印刷・裝訂／東豪・弼聖・秉成

行企研發中心總監／陳冠蒨
媒體公關組／陳柔彣
綜合業務組／何欣穎

線上學習中心總監／陳冠蒨
數位營運組／顏佑婷
企製開發組／江季珊、張哲剛

發 行 人／江媛珍
法 律 顧 問／第一國際法律事務所 余淑杏律師・北辰著作權事務所 蕭雄淋律師
出　　　版／台灣廣廈有聲圖書有限公司
　　　　　　地址：新北市 235 中和區中山路二段 359 巷 7 號 2 樓
　　　　　　電話：（886）2-2225-5777・傳真：（886）2-2225-8052

代理印務・全球總經銷／知遠文化事業有限公司
　　　　　　地址：新北市 222 深坑區北深路三段 155 巷 25 號 5 樓
　　　　　　電話：（886）2-2664-8800・傳真：（886）2-2664-8801
郵 政 劃 撥／劃撥帳號：18836722
　　　　　　劃撥戶名：知遠文化事業有限公司（※ 單次購書金額未達 500 元，請另付 60 元郵資。）

■ 出版日期：2023 年 11 月　　■ 初版 2 刷：2024 年 4 月
ISBN：978-626-7197-39-4